VERSTÄNDLICHE WISSENSCHAFT

NEUNUNDVIERZIGSTER BAND

EBBE UND FLUT DES MEERES DER ATMOSPHÄRE UND DER ERDFESTE

VON

ALBERT DEFANT

SPRINGER-VERLAG

BERLIN · GÖTTINGEN · HEIDELBERG

1953

EBBE UND FLUT DES MEERES DER ATMOSPHÄRE UND DER ERDFESTE

VON

UNIV.-PROF. DR. ALBERT DEFANT

INNSBRUCK

1.—6. TAUSEND

MIT 64 ABBILDUNGEN

SPRINGER-VERLAG

BERLIN · GÖTTINGEN · HEIDELBERG

1953

Herausgeber der Naturwissenschaftlichen Reihe:
Prof. Dr. Karl v. Frisch, München

ISBN-13:978-3-540-01754-7   e-ISBN-13:978-3-642-80525-7
DOI: 10.1007/978-3-642-80525-7

Brühlsche Universitätsdruckerei Gießen

Vorwort

Die Gezeiten oder, wie man sie in mehr volkstümlicher Weise zumeist zu nennen pflegt, die Ebbe und Flut, sind eine die ganze Erde umfassende, großartige Erscheinung, die sich nicht nur in den Wassermassen der Meere, sondern auch in der Lufthülle der Erde und in der festen Erdkruste äußert. Es gibt zwei Arten der gegenseitigen Beeinflussung zweier Himmelskörper. Das eine Band, das sie verbindet, ist das der Strahlung, das andere das der Gravitation oder Massenanziehung. Die Gezeiten sind ein besonderer Fall der Anziehungseinwirkung der Massen von Mond und Sonne auf die Massenschichten, aus denen die Erde aufgebaut ist. Alle die gesetzmäßigen Erscheinungen der Gezeiten lassen sich aus diesen Einwirkungen verstehen. Im vorliegenden Büchlein ist der Versuch unternommen worden, die Entstehung der Gezeiten in den drei Erdschichten: Meer, Atmosphäre und Erdfeste und die komplizierten Vorgänge, die sich in ihnen abspielen, ohne mathematische Hilfsmittel dem allgemeinen Verständnis näher zu bringen. Dies ist keine leichte Aufgabe, und der Verfasser muß die Leser gütigst bitten, den gegebenen Ausführungen aufmerksam und nachdenkend zu folgen und mitzuüberlegen. Er hofft, ohne der Exaktheit der wissenschaftlich-mathematischen Entwicklungen zu viel geopfert zu haben, im wesentlichen die Grundgedanken der Erklärungen herausgearbeitet zu haben.

Innsbruck, Oktober 1952   A. Defant.

Inhaltsverzeichnis

I. Die Erscheinung der Meeresgezeiten

1. Ebbe und Flut in der Anschauung der Küstenbewohner

Jedem Küstenbewohner, so auch jenem an der deutschen Nordseeküste, sind die Gezeiten, auch Ebbe und Flut oder Tiden genannt, eine geläufige Naturerscheinung; denn von Kindheit an ist er gewohnt, in der Ebbe und Flut etwas Gesetzmäßiges zu sehen, viel Gesetzmäßigeres als etwa die gewöhnliche Wellenbewegung an der Meeresoberfläche oder die Brandung an einer Flachküste. Diese auffallende Erscheinung macht auf jeden, der sie zum erstenmal in seiner ganzen Größe und Ausdehnung betrachten kann, einen überwältigenden Eindruck. Zwei Tatsachen fallen einem aufmerksamen Beobachter, der durch längere Zeit hindurch die Ebbe und Flut von einem Punkt an der Küste verfolgt, auf: 1. Eine Hebung und Senkung der Meeresoberfläche und 2. ein Hin- und Herfluten der Wassermassen. Beide Erscheinungen wiederholen sich in denselben Zeitabschnitten, sie haben also dieselbe *Periode*; die erstere Erscheinung betrifft im wesentlichen Wasserbewegungen in der Lotrichtung, die letztere solche in der waagerechten Richtung. Beide Erscheinungen gehören natürlich zusammen und werden durch eine *wellenförmige Bewegung* des Wassers hervorgerufen. Keine Meeresküste ist frei von Ebbe und Flut, überall findet man das periodische Ansteigen des Wasserspiegels und das Absinken desselben, oft allerdings nur als schwache Schwankung, die untergeht in den großen Störungen des Wasserstandes durch Wetter und Wind, oft aber sich steigernd zum erhabenen Schauspiel einer Hochflut von 10, ja bis 20 m Höhe. Daß bei solchen Beträgen die Erscheinung mächtig eingreift in das Leben der Menschen am Meer, in ihre Wirtschaft und in ihre Existenzbedingungen an der Küste erscheint begreiflich. Die Ebbe und Flut ist wie ein Atmen des Meeres, dessen Pulsschlag rings um die Erde rollt. Seit den ältesten Zeiten hat dieses geheimnisvolle Atmen den Menschengeist gepackt, sein Gemüt und seinen Verstand zum Sinnen und Forschen gereizt.

An flachen Küsten, wie es z. B. die deutsche Nordseeküste ist, zeigt sich die Ebbe und Flut besonders eindrucksvoll. Denn ein 10 bis 20 km breiter Landstreifen, der bei tiefem Wasserstand (Niedrigwasser) trocken ist, wird bei hohem Wasserstand (Hochwasser) von Wasser bedeckt. Dieser Landstreifen bildet eine weite, öde, fast ebene graue Fläche, deren Boden durch Schlamm, feuchten Sand oder dunkel tonigen „Schlick" gebildet wird. Es ist dies das *Watt*, jener amphibische Gürtel um das Festland, der bei Hochwasser Meeresboden, bei Niedrigwasser Land ist. Das Festland, das an das Watt anschließt und die tiefgelegenen fruchtbaren

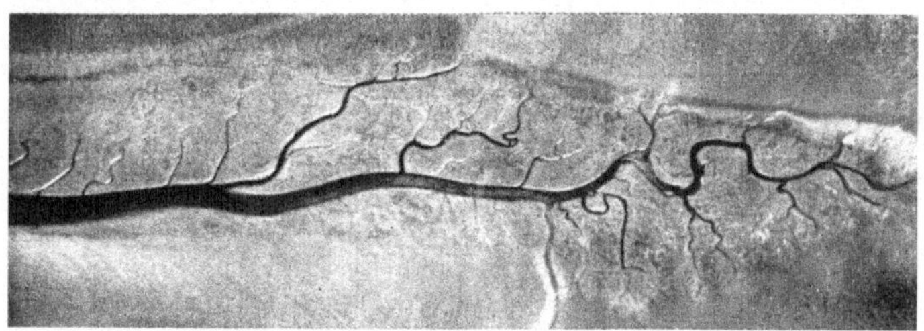

Abb. 1. *Watt bei Niedrigwasser*. Durch den Gezeitenstrom geschaffener Priel mit seitlichen Verzweigungen.

Marschen enthält, ist zumeist durch hohe Deiche gegen die Überflutung durch das Meer geschützt. Diese Deiche bilden somit bei großem Hochwasser die Grenze zwischen Wasser und Land und ungeheuer sind die Katastrophen, wenn sie unter dem enormen Druck der Hochfluten brechen und das Meer sich über das Land ergießt. Die ausgedehnte Wattfläche ist durch scharfe eingeschnittene Rinnen, „Priele" genannt, zerteilt (Abb. 1). Einem Flußsystem ähnlich führen sie bei *Ebbe*, d. h. bei fallendem Wasser die Wassermassen dem Meere zu, und dienen bei *Flut*, d. h. bei steigendem Wasser als Leitkanäle der Wasserzufuhr bis in die innersten Watteile. Größere Priele sind, wenn sie genügend Wassertiefe aufweisen, auch die Fahrwasser der Schiffahrt und sind durch zahlreiche Seezeichen versehen, um sie bei Hochwasser kenntlich zu machen. In den Prielen dringt bei Flut das Wasser zuerst vor und von ihnen aus verbreitet es sich dann über die weiten, fast ebenen Wattflächen. Ganz anders läuft die Ebbe und Flut an

Steilküsten ab. Hier beobachtet man fast nur ein Auf- und Abschwanken des Wasserspiegels, während die horizontalen Wasserverlagerungen ganz zurücktreten. Keine großen Landflächen werden hier überschwemmt und alles beschränkt sich sich auf einen sehr schmalen Küstenbereich.

2. Die Gezeiten an den Küsten und im freien Ozean

Die Erscheinung der Ebbe und Flut wiederholt sich mit großer Beständigkeit und Gleichförmigkeit Tag für Tag. Die Grundtatsachen der Gezeiten wollen wir hier kurz besprechen und einige Ausdrücke einführen, die einzelne Stadien der Gezeit festhalten. Wenn der Kamm der Gezeitenwelle herannaht, steigt der Wasserspiegel, das ist die *Flut*, und, wenn der Wasserspiegel am höchsten steht, herrscht *Hochwasser*. Dann ändert sich die Verschiebungsrichtung des Wassers, das Wasser rollt zurück, der Gezeitenstrom *kentert*, der Wasserspiegel sinkt, das ist die *Ebbe*. Hat das Wasser den tiefsten Punkt erreicht, dann ist *Niedrigwasser*, und nun beginnt das ruhelose Spiel von neuem. Etwas genauere Beobachtungen dieses sich stets in derselben Form wiederholenden Vorganges zeigen, das der mittlere Zeitunterschied zwischen zwei aufeinanderfolgenden Hochwasser bzw. Niedrigwasser 12 Stunden 25 Minuten beträgt; d. h. wenn heute Hochwasser etwa um 8 Uhr auftritt, erfolgt das nächste Hochwasser 12 Stunden 25 Minuten später, also um 20 Uhr 25 Minuten abends, das zweitnächste wieder um 12 Stunden 25 Minuten später; d. i. morgen um 8 Uhr 50 Minuten. Von Tag zu Tag verspätet sich so die Gezeit um 50 Minuten. Dies weist auf einen Zusammenhang mit der Mondbewegung am Himmel hin. Unsere Zeitzählung richtet sich nach der scheinbaren Umdrehung der Sonne am Himmel. Die Sonne braucht zu einem Tageslauf 24 Sonnenstunden. Zu Mittag geht sie durch den Meridian (kulminiert) und nach einem vollen Umlauf, zu dem sie 24 Sonnenstunden benötigt, geht sie wieder durch den Meridian. Die scheinbare Bewegung des Mondes am Himmel verhält sich etwas anders. Ihre Meridiandurchgänge finden in durchschnittlichen Zeitabständen von 24 Stunden 50 Minuten statt; wir bezeichnen diesen Zeitraum als einen „Mondtag". Der Mond geht somit von Tag zu Tag um 50 Minuten später durch den Meridian des Ortes hindurch. Die Monddurchgänge verspäten sich somit um dasselbe Zeitintervall wie die Hochwasser- bzw. Niedrigwasserzeiten. Dieses gleiche Ausmaß der Verspätung von Meridiandurchgang des Mondes und Eintrittszeit des Hochwassers hat zur Folge, daß der Zeitunterschied zwischen den Eintrittszeiten der beiden Erscheinungen für einen Küstenort stets der gleiche bleibt, also eine für einen Hafen charakteristische Zahl ist. Man nennt diesen Zeitunterschied „*Mondflutintervall*" oder auch „*Hafenzeit*" des Ortes. Helgoland hat z. B. die Hafenzeit 11 Stunden 20 Minuten, d. h. daß mit geringen Abweichungen in Helgoland Hochwasser immer 11 Stunden 20 Minuten nach Meridiandurchgang des Mondes in Helgoland auftritt. Der rhythmische Ablauf der Gezeit ist somit innig an die Stellung des Mondes am Himmel gebunden. Aber auch die Höhe der Gezeiten, das Ausmaß der täglichen Wasserstandsschwankungen hängt davon in deutlicher Weise ab. Zur Zeit von Voll- und Neumond („Syzygien") ist die Schwankung, die als *Hubhöhe* oder *Tidenhub* der Gezeiten bezeichnet wird, am größten, d. h. man hat die größten Hoch- und zugleich die niedrigsten Niedrigwasser, es herrschen „Springtiden". Beim ersten und letzten Viertel („Quadraturen") sind die Hubhöhen besonders klein, man nennt sie „Nipptiden". Dieser Unterschied in der Hubhöhe wird als *halbmonatliche Ungleichheit* bezeichnet. Auch sie hängt mit der Stellung des Mondes zur Erde ab, aber man erkennt, daß auch die Stellung der Erde zur Sonne von Einfluß sein muß, da die Mondphasen von der Lage der Erde zu diesen *beiden* Himmelskörpern abhängen. Es zeigt sich ferner, daß ein Unterschied der Hubhöhe der beiden Gezeiten an einem Tage vorhanden ist, z. B. ist einen halben Monat lang das Vormittagshochwasser höher als das folgende Nachmittagshochwasser, während im folgenden Halbmonat es sich umgekehrt verhält. Man nennt diese Ungleichheit die *tägliche Ungleichheit* der Hubhöhe. Es gibt noch andere Ungleichheiten, aber im wesentlichen ist durch die hier aufgeführten die Haupterscheinung der Gezeiten charakterisiert.

Diese Haupttatsachen sind in ihrer Regelmäßigkeit schon frühzeitig den Seeleuten an offenen ozeanischen Küsten aufgefallen und sie hatten Kenntnis vom gesetzmäßigen Ablauf der Erscheinung. Es ist auffallend, daß in den Schriften der alten Griechen, die doch sonst so gute und treffliche Beobachter der sie umgebenden

Natur waren, das Phänomen der Ebbe und Flut fast keine Erwähnung findet. Dies wird begreiflich, wenn man weiß, daß im europäischen Mittelmeer, das die Welt der Griechen war, die Gezeiten zu einer ganz unbedeutenden Erscheinung herabsinken. Um so gewaltiger war aber auch der Eindruck, wenn einige von ihnen in Küstengebiete der offenen Ozeane kamen, die im starken Maße der Ebbe und Flut ausgesetzt sind. Männer mit weitem Gesichtskreis (*Herodot, Pytheas von Marseille, Aristoteles* bei den Griechen, *Posidonius, Strabo* bei den Römern) allerdings hatten gute Kenntnisse über die Gezeiten und zeigen dort, wo das Thema berührt wird, die große geistige Überlegenheit über die Ansichten anderer Völker. Die großen Feldherren *Alexander der Große* und *Julius Cäsar* haben auf ihren Feldzügen (der erstere an derMündung des Indus, der zweite bei seinem Übergang nach Großbritannien) unliebsame Überraschungen durch die Unkenntnis der Gezeiten dieser Meere erlebt. Darüber berichten in dramatischer Form *Curtius Rufus* in der Lebensbeschreibung *Alexanders des Großen* (IX. Buch, Kap. 35 u. f.) und *Cäsar* selbst in De bello Gallico, Lib. IV, Kap. 29.

Die Hubhöhe der Gezeit ist von Küstenort zu Küstenort verschieden; von kleineren Werten kann sie ansteigen zu 20 m und darüber. Berühmt sind die Gezeiten in der Fundy-Bay in Neu-Braunschweig in Kanada, wo sich am inneren Ende der Bucht regelmäßig Hubhöhen bis zu 21 m einstellen. Die Abb. 2 zeigt oben eine Landungsbrücke in der Fundy-Bay bei Niedrigwasser, unten bei Hochwasser. Die dunkleren Partien derselben werden bei jedem Hochwasser bespült, ihre Höhe kann man im unteren Bild durch Vergleich mit den Personen und dem Pferd erkennen. An der Küste Europas ist die Hubhöhe der Gezeit besonders groß in der Bucht von St. Malo (N-Küste Frankreichs, westlich der Normandie), in deren Hintergrund der berühmte Mont St. Michel inmitten eines Watts liegt, das sich bei Springhochwasser fast 12 m, bei Nipptide fast 6 m hoch mit Wasser bedeckt, bei Niedrigwasser aber stets mit Wagen befahrbar ist. In Häfen mit großen Hubhöhen richtet sich die Abwicklung der Hafenarbeiten zumeist ganz nach den Gezeiten. Alle Welthäfen liegen an der Mündung großer Ströme, gerade dort, wo im meist flachen Küstenwasser die Gezeitenwelle, sowohl was ihre Höhe als auch was die

Gezeitenströme betrifft, recht bedeutend ist. Der ganze Schiffsverkehr im Hafen richtet sich nach den Gezeiten vor allem dort, wo bei Niedrigwasser die Hafeneinfahrt für größere Schiffe zu seicht wird.

Abb. 2. *Hoch- und Niedrigwasser bei Springtide in der Fundy-Bay* (Neubraunschweig, Kanada).

Besonders deutlich ist dies wohl allen geworden, die auf einer Fahrt von Hamburg nach Helgoland und zurück vor der Elbemündung die große Zahl Frachtdampfer und Handelsschiffe gesehen

6

haben, die alle auf die Flut warten, um mit ihr Elbe aufwärts Hamburg zu erreichen. Die lange Erfahrung der Lotsen gehört dazu, um alle Einzelheiten der Gezeiten in den Mündungsgebieten eines Flusses zu kennen, um die Schiffe ohne Gefahr und mit möglichst wenig Aufwand an Kraft und Zeit nach und aus dem Hafen zu bringen.

Auf hoher See merkt man nichts von den Gezeiten, weil man keine festen Anhaltspunkte hat, die Höhenänderung des Meeresniveaus zu sehen. Bei verankertem Schiff kann man bei starken Gezeitenströmen, die ja das ganze Meer erfassen, die Zerrungen an der Ankerkette durch diese merken und man kann bei seichtem Wasser (bis etwa 100 m) durch die Messung der jeweiligen Wassertiefe die Gezeit beobachten, aber bei fahrendem Schiff fehlt jede Marke um die Gezeit und den Gezeitenstrom zu erkennen. Da die Geschwindigkeit der Gezeitenströme namentlich in Küstennähe und am Schelf recht groß sein kann, kann sie Schiffe, die nicht schnell fahren, ziemlich stark beeinflussen. In solchen Gewässern ist deshalb die Kenntnis der Richtung und Stärke der Gezeitenströme erforderlich, da bei ungünstigen Gezeitenströmen eine Fahrt mehrere Stunden länger dauert als bei günstigeren. Fern von den Küsten, im offenen Ozean bei größeren Wassertiefen wird der Gezeitenstrom schwach und kaum wahrnehmbar.

3. Störungen der regelmäßigen Erscheinung durch Windstau, Sturmfluten

Der gesetzmäßige Ablauf der Gezeiten erfährt an den Küsten oft größere Störungen durch die Winde. Bei auflandigen Winden werden die Wassermassen gegen die Küste zugetrieben, der Meeresspiegel steigt an; bei ablandigen Winden erfolgt das Entgegengesetzte, der Wasserspiegel sinkt. Mit diesen Einwirkungen verknüpft sind Einflüsse des Luftdruckes, die sich ebenfalls in Änderungen des Wasserniveaus äußern. Beide Erscheinungen lassen sich nicht leicht trennen und man bezeichnet die damit verbundenen Erhöhungen des Wasserspiegels als *Windstau*. Dieser Windstau hat natürlich nichts mit den Gezeiten zu tun, kommt auch an den nahezu gezeitenfreien Meeren (z. B. Ostsee, große Seen) vor, aber das Vorhandensein der Gezeiten kann die Erscheinung wesentlich verstärken. Besonders gefährlich wird es, wenn die anstauende Kraft des Windes gerade ihren Höhepunkt zur Hochwasserzeit erreicht. Ist dabei noch Springtide, dann entstehen *Sturmfluten*, die bei Durchbrechen der Deiche zu katastrophalen Verlusten an Menschen und Gütern führen können. Abb. 3 gibt eine Pegelregistrierung einer solchen Sturmflut am 18.—19. Oktober 1941 in Hamburg. Die gestrichelte Kurve gibt den normalen Verlauf des Wasserstandes durch die Gezeit, die ausgezogene Kurve die tatsächlich beobachteten Wasserstandsänderungen und man erkennt, um wieviel höher bei

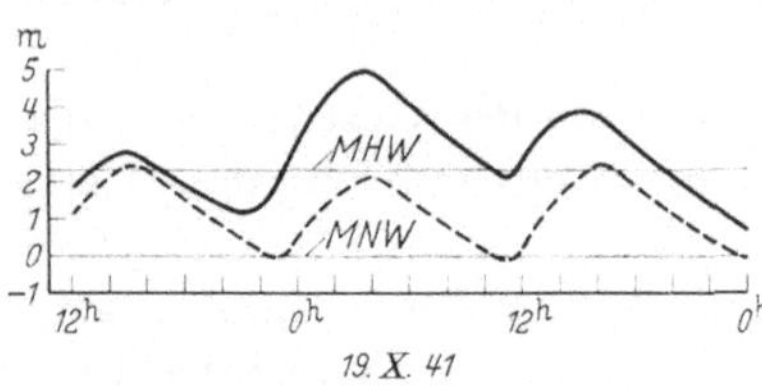

Abb. 3. Die Sturmflut bei Hamburg am 19. Oktober 1941 (- - - -: die ungestörten Gezeiten nach astronomischer Vorausberechnung; —: die tatsächlich beobachteten Wasserstandsänderungen). MHW.: Mittleres Hochwasser; MNW.: mittleres Niedrigwasser.

der Sturmflut der Meeresspiegel durch Wind- und Luftdruckeinwirkung gehoben wurde. Die Sturmfluten und die Sturmbrandung sind es, denen man die großen zeitlichen Veränderungen des

Abb. 4. Am Norderhafen auf Nordstrand; Sturmflut am 18. Oktober 1936. Das Haus steht vorschriftswidrig am Deich selbst und wurde bei der Sturmflut arg beschädigt. (Photo: A. Busch, Morsumhafen).

Abb. 5. Zerstörungen am Nordstrander Damm nach aufeinanderfolgenden Sturmfluten am 27. Oktober 1936. (Photo: A. Busch,
Morsumhafen).

Abb. 6. Am Kiewhak bei Norderhafen auf Nordstrand (von einem
Stalldach in der Marsch aus gesehen) am 18. Oktober 1936. Das Hoch-
wasser der Sturmflut hat die Deichhöhe erreicht und flutet über den
Deich. (Photo: A. Busch, Morsumhafen).

Festlandes in flachen Küstengebieten zu verdanken hat. Es gibt fast keinen Abschnitt an der deutschen Nordseeküste, der nicht die Wirkungen der unendlichen Folge der Sturmfluten seit Jahrhunderten aufweisen würde. Enorm sind die Verluste an Land, die dabei im Laufe der Zeit erlitten wurden; ein fortschreitender Verlust läßt sich nur durch große Schutzwerke aufhalten (Abb. 4, 5 und 6). Insel- und Küstenschutz gegen Naturgewalten ist eine öffentliche Aufgabe des Staates im Gesamtinteresse des ganzen Volkes.

II. Die Beobachtung der Meeresgezeiten
1. Augenbeobachtungen und Registrierpegel am Ufer

Will man den Ablauf der Gezeiten an einem Ort genauer verfolgen, so sind Beobachtungen über die Wasserstandsschwankungen des Meeresspiegels von Nutzen. Es kommt vor allem auf die Messung von Wasserstandsunterschieden an. An Flachküsten, an denen die gewöhnliche Wellenbewegung und die Brandung nicht stark hervortreten oder an Tagen, an denen diese Störungen des Wasserniveaus zurücktreten, lassen sich die durch die Gezeiten hervorgerufenen Wasserstandsschwankungen an einfachen Lattenpfählen, die im Meeresboden in entsprechender Entfernung (siehe Abb. 7) eingerammt sind und eine gut sichtbare Dezimeterteilung tragen, gut ablesen. Die oberste Latte muß beim höchsten Hochwasser noch den Wasserspiegel überragen, die unterste muß so weit von der normalen Wasserlinie gesetzt werden, daß man noch bei niedrigstem Niedrigwasser eine Ablesung vornehmen kann. Die Nullpunkte aller Lattenmaßstäbe müssen aufeinander beziehbar sein und so kann man korrekte Werte der Gezeitenschwankungen erhalten. Ablesungen genügen im einstündigen Intervall vorgenommen zu werden, wobei die Zeiten des Hoch- bzw. Niedrigwassers besonders genau festzustellen wären. Auf diese oder ähnliche Weise lassen sich auch an Hafendämmen, Landungsbrücken und besonderen Pfählen gute Werte der Gezeitenschwankung erhalten, aber solche Messungen sind zumeist durch die fortwährende Beunruhigung des Wasserspiegels durch den gewöhnlichen Wellengang gestört. Will man die Genauigkeit steigern und einwandfreie Messungen erhalten, so muß der Wasserstand zwar an einer Stelle gemessen werden, zu der das Meer einen freien Zutritt hat, aber der Verbindungskanal muß andererseits so eng sein, daß den Störungen des Wasserspiegels durch die Wellen (Windwellen und Dünung) der Zutritt verwehrt wird. Das wird

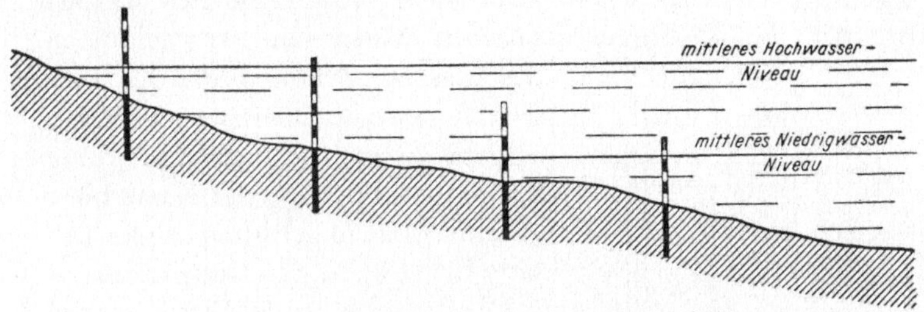

Abb. 7. *Bestimmung der Wasserstandsschwankung* der Gezeit mittels einfacher Lattenpegel.

meistens auf die Weise erreicht, daß in unmittelbarer Nähe tieferen Wassers ein größerer Wasserbehälter (Brunnen) gebaut wird, dessen Boden 1 bis 2 m unter dem niedrigsten Niedrigwasser liegt.

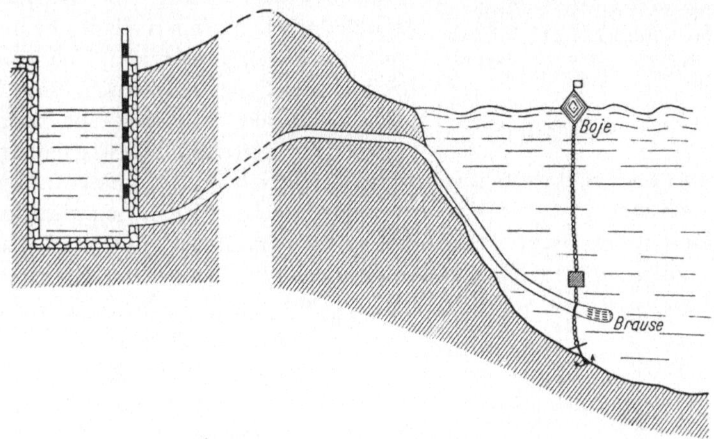

Abb. 8. *Ausschaltung des störenden Wellenganges* für die genauere Bestimmung des Tidenhubes.

Von diesem Brunnen führt dicht über seinen Boden ein Verbindungsrohr von einigen Zentimetern Durchmesser zum freien Wasser und reicht hier bis in eine größere Tiefe hinab, wo er ähnlich wie bei einer Gießkanne in eine Brause endigt (Abb. 8). Durch eine Boje wird das Rohr am Meeresboden verankert, so daß die Brause etwas vom Grunde absteht. Das Meerwasser hat auf diese Weise freien Zutritt zum Brunnen; aber, da der Wellengang nicht bis in die Tiefe der Brause herabreicht, übertragen sich auf den Brunnen nur die länger dauernden Wasserstandsschwankungen des Meeres. Während die See eine lebhaft bewegte Oberfläche aufweist, ist der Wasserspiegel im Brunnen ruhig und die Feststellung der Wasserhöhe an einer Latte mit entsprechender Teilung bietet keine Schwierigkeiten.

Die Bestimmung der Eintrittszeiten der Hoch- und Niedrigwasser und der Hubhöhe mittels direkter Augenbeobachtungen ist mühsam und zeitraubend; man verwendet deshalb zumeist selbstregistrierende Pegel, die laufende Aufzeichnungen des Wasserstandes ergeben. Innerhalb des Brunnens A (Abb. 9) befindet sich ein Schwimmer B, der sich mit dem Wasser hebt und senkt. Ein über eine Rolle gehender Kupferdraht bewegt diese vor- oder rückwärts und durch eine einfache Übertragung, in der auch eine passende Verkleinerung eingebaut ist, lassen sich die Drehungen der Rolle, also die Wasserstandsänderungen, auf eine vorübergeführte Papierrolle aufzeichnen. Im Prinzip sind alle diese Pegel gleich gebaut, Einzelheiten wollen wir übergehen, vielleicht nur erwähnen, daß man durch elektrische Fernübertragung die Wasserstandskurven auf einen Papierbogen direkt auf einen Tisch erhalten kann. Diese *Gezeitenkurven* (Abb. 10) geben somit Zeit und Höhe der Gezeit für jeden Augenblick. Sie zeigen schon auf

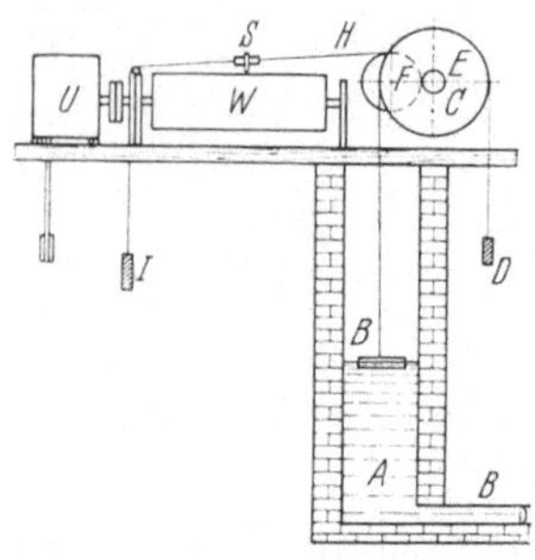

Abb. 9. *Selbstregistrierender Pegel*, schematisch. *B* (unten) Verbindungsrohr zum Meer; *A* Brunnen; *B* (oben) Schwimmer; *C, E, F* Übertragung und Verkleinerung; *S* Schreibstift; *W* Walze mit Papierstreifen; *U* Uhrwerk. Nach *A. Ott*.

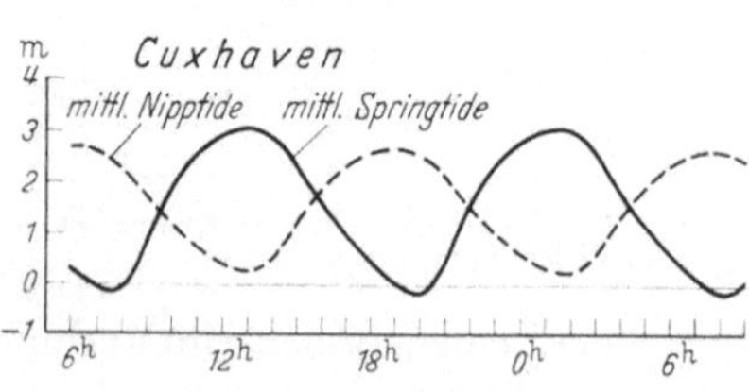

Abb. 10.
Mittlere Spring- und Nipptidenkurven von Cuxhaven. (Entwurf: D. H. I.).

den ersten Blick alle früher erwähnten Eigentümlichkeiten, vor allem das täglich zweimalige Hochwasser, das sich von Tag zu Tag um ungefähr 50 Minuten verschiebt, die tägliche und halbmonatliche Ungleichheit und vieles andere mehr. Es ist die Hauptaufgabe der Gezeitenforschung, die langen vollständigen Aufzeichnungen der Registrierpegel genau zu analysieren, insbesondere für möglichst viele Küstenorte 1. die Hochwasserzeit, 2. den Tidenhub und 3. die Form der Gezeitenkurve selbst festzulegen. Wollte man für alle Orte wirklich gute Gezeitengrundwerte haben, müßte man für alle diese Orte über *langjährige* Beobachtungen verfügen. Dies ist aber unmöglich, nur von wenigen wichtigeren Häfen sind solche vorhanden. Für andere Küstenorte lassen sich leidlich verläßliche Werte ableiten, wenn für eine kürzere Zeit *gleichzeitige* Beobachtungen an dem Ort und an einem in der Nähe befindlichen Basisort, von dem langjährige Messungen bekannt sind, vorliegen. Man ermittelt dann die Unterschiede der Hoch- bzw. Niedrigwasserzeiten, wie auch jene des Tidenhubes und bringt diese Unterschiede an die *langjährigen* Mittel des Basisortes an. So erhält man angenäherte Grundwerte auch für den Ort mit kurzfristigen Beobachtungen. Diese Methode der „Reduktion auf langjährige Mittel" geht von der Tatsache aus, daß Störungen in der Gezeitenwelle, insbesondere auch solche durch Wetter und Wind, an nicht allzuweit entfernten Küstenorten angenähert in derselben Weise und Stärke auftreten und sich größtenteils herausheben, wenn man die Unterschiede der gleichzeitigen Werte bildet. So gewinnt man auch aus kürzeren Messungen für ein größeres Küstengebiet ein Bild der ganzen Gezeitenerscheinung in allen oben angeführten Bestimmungsstücken. Die Werte, eingetragen in geographische Karten, veranschaulichen den Ablauf der Gezeitenwelle und ihr charakteristisches Verhalten im betrachteten Küstengebiet.

2. Beobachtung der Gezeiten auf hoher See

Auch auf hoher See gibt es durch die Gezeit bedingte Schwankungen des Wasserniveaus; aber es ist schwierig sie festzustellen, da das Schiff, auf dem man sich befindet, die Schwankung mitmacht und keine feste Marke vorhanden ist, um diese zu messen. Es ist schon erwähnt worden, daß man von einem verankerten Fahrzeug aus in der Flachsee (Schelf) bei Wassertiefen bis zu etwa

100 m durch systematisches genaues Loten die Gezeit ermitteln kann. Abb. 11 zeigt einen solchen Fall. Natürlich sind auch hier die Messungen durch Wind, Strom und Luftdruckänderungen gestört. Insbesondere vermögen Wind und Strom die Lage des Schiffes bei längerer Ankerkette stark zu verändern, und bei unebenem Meeresboden gibt es dann Änderungen der Wassertiefe, die nichts mit der Gezeit zu tun haben.

In neuerer Zeit hat man Apparate konstruiert, die auf dem Meeresboden versenkt, den Wasserdruck und damit auch die

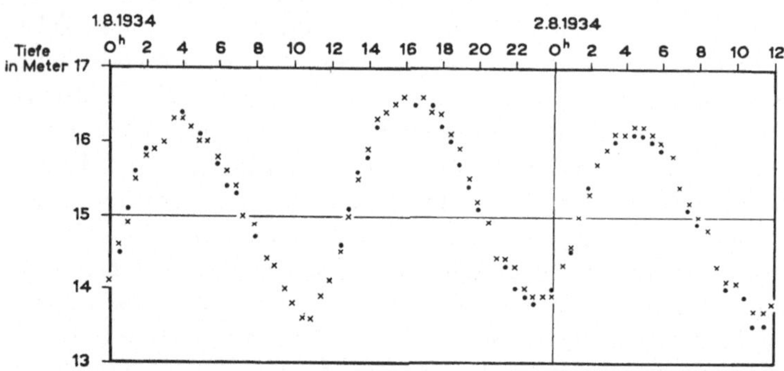

Abb. 11. Gezeitenkurve bestimmt aus Lotungen von einem verankerten Schiff aus; „Geeste"-Station II in 54° 14′ N, 8° 14′ O, Nordsee, Deutsche Bucht.

Höhe der über dem Apparat stehenden Wassersäule aufzeichnen (Hochseepegel). Aber auch hier darf aus mannigfachen Gründen die Wassertiefe nicht größer als etwa 200 m sein, so daß nur für seichte Meeresteile die Methode gute Ergebnisse liefert. Wird der Apparat 14 Tage an einem Ort gelassen, so bekommt man eine 14 tägige Aufzeichnung der Gezeiten und bei systematischer Auslegung solcher Apparate über der ganzen Fläche einer Flachsee ein Bild der Gezeitenverteilung an ihrer Oberfläche. Abb. 12 gibt die Aufzeichnung eines solchen Hochseepegels. Die Störungen, die durch Wind, Luftdruck, aber auch durch Versandung u. a. auftreten, sind kaum zu vermeiden, so daß mittels solcher Verfahren nur langsam unsere Kenntnisse der Gezeiten der Neben- und Randmeere zunehmen. Bei tiefem Wasser, im freien Ozean steigern sich die Schwierigkeiten derart, daß es, abgesehen davon,

daß hier der Tidenhub an sich recht klein ist, es kaum möglich
sein dürfte, etwas zu ersinnen, was die Gezeitenschwankung der
Meeresoberfläche einigermaßen genau festzustellen gestattet. Für
praktische Zwecke der Schiffahrt ist allerdings bei tiefem Wasser
die Kenntnis der Gezeiten entbehrlich, da es gleichgültig ist, ob bei
tiefem Wasser dieses um ein paar Meter mehr oder weniger tief ist.

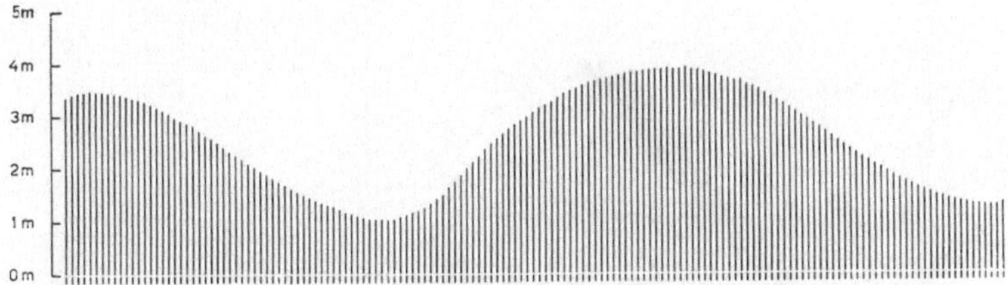

Abb. 12. Ausschnitt aus den Aufzeichnungen eines Hochseepegels.
(Photo: D.H.I.).

3. Strombeobachtungen, Strommesser

Die Kenntnis der Richtung und Stärke des Gezeitenstromes ist
zur Festlegung des Gezeitenbildes in einem Meeresgebiet hingegen sehr wichtig und auch für praktische Zwecke sehr erwünscht,
da bei stärkerem Strom die Fahrt eines Schiffes merklich vergrößert
oder herabgesetzt wird. Die Geschwindigkeit des Stromes kann
nur von einem verankerten Fahrzeug aus ermittelt werden. Die
einfachste Methode ist die des Logs. Es ist dies ein dreieckiges
Brett, das an einer Kante beschwert ist, so daß es im Wasser auf-
recht schwimmt. An den drei Ecken sind kurze Schnüre fest-
gemacht, von deren Vereinigungsknoten eine lange Leine weiter-
führt. Diese ist in passenden Abschnitten durch Knoten unter-
teilt. Wirft man das Log ins Wasser, so schwimmt es im Strom
fort, wobei die an Deck lose aufliegende Leine abläuft. Man
braucht dann die in einer bestimmten Zeitdauer ausgelaufenen
Knoten zu zählen, um die Geschwindigkeit des Stromes in
Knoten, d. i. in Seemeilen (zu 1852 m) pro Stunde zu erhalten.
Will man den Strom nach Richtung und Stärke in der Tiefe
haben, dann verwendet man *Strommesser*, die entweder den augen-
blicklich vorhandenen Strom angeben oder *selbstregistrierend* ihn
für längere Zeit aufzeichnen. Es gibt verschiedene Arten von

Strommesser, deren Beschreibung hier zu weit führen würde. In neuerer Zeit wird besonders für praktische Gezeitenstrommessungen der „Schaufelradstrommesser" benützt, der am Meeresboden oder einige Meter darüber durch eine längere Zeit hindurch Richtung und Stärke des Gezeitenstromes aufzeichnet.

Abb. 13 zeigt den Aufbau eines Strommessers aus einem Bild an Bord eines Forschungsschiffes vor seiner Versenkung in größere

Abb. 13. Der Schaufelradstrommesser an Bord eines Forschungsschiffes vor der Versenkung in tiefere Wasserschichten.
(Aufn.: Dr. G. Dietrich.)

Wassertiefen. Er besteht aus einem stromlinienförmigen Schwimmkörper, aus dem oben das Schaufelrad, das eigentliche Strommeßgerät, teilweise herausragt. Dieses besteht aus einem druckdicht abgeschlossenen flachen Zylinder von etwa $^1/_2$ m Durchmesser, an dessen Mantel zwölf gewölbte Schaufeln angebracht sind. Dieser Drehkörper ist so dimensioniert, daß er im Meerwasser nahezu gewichtslos ist und sich deshalb in den Lagern des Schwimmkörpers sehr leicht drehen kann. Die Umdrehungen des Schaufelrades durch den Strom werden durch ein Registrierwerk im Innern des Zylinders gezählt und photographisch registriert. Die Stromrichtung, in die sich der Strommesser durch die Leitflächen hinten einstellt, wird durch eine Kompaßdose festgelegt; sie wird

16

auf dem gleichen Registrierfilm, auf dem die Umdrehungszahl
des Schaufelrades photographiert wird, registriert. Dies erfolgt
alle 5 Minuten, so daß man eine laufende Aufzeichnung von
Stromstärke und -richtung erhält. Abb. 14 gibt einen Ausschnitt
eines solchen Registrierfilms. Die Zahlen links geben den Stand
der Umdrehungszahlen während einer
10-Minuten-Messung. Unten zu Beginn
der ersten 5 Minuten: Stand 3777,6, in
der Mitte nach den ersten 5 Minuten:
Stand 3800,1, oben nach weiteren
5 Minuten: Stand 3819,3. Die Zahl
der vom Schaufelrad gemachten Umdrehungen, die die Stromstärke geben,
war somit während der ersten 5 Minuten
22,5, während der zweiten hingegen
19,2. Die Umdrehungszahlen entsprechen der Apparatureichung gemäß 24,9
bzw. 21,9 cm/sec. Rechts steht die Stromrichtung, und zwar herrschte für dieselben Zeiten Strom nach 243°, 249°,
253°, wobei 0° Strom nach Nord, 90°
Strom nach Ost, 180° nach Süd und
270° nach West bedeuten. Es herrschte
während der Meßdauer demnach ziemlich genau ein Strom nach Westsüdwest.

Abb. 14. Ausschnitt aus
einer Strommesserregi-
strierung von 10 Minuten
Dauer. Links: der Stand
der Umdrehungszahlen
des Schaufelrades, rechts:
Teile der Kompaßrose;
der Strich gibt die Rich-
tung, wohin der Strom
setzt. (Vergrößert; Breite
des Originalfilms: 16 mm.)

Die Strommessungen gehören zu den
schwierigsten Beobachtungen, weil die
Messungen auch durch die Bewegungen
des verankerten Schiffes beeinflußt werden und eine Reduktion der
Aufzeichnungen auf einen fixen Punkt recht schwierig ist. Es ist
auch zu beachten, daß die Gezeitenströme, wie alle Meeresströme
eine *Unruhe* (Turbulenz), d. h. kurzfristige Schwankungen der
Richtung und Stärke zeigen, die nur durch längere Messungsreihen
ausgeschaltet werden können.

Der Gezeitenstrom ändert in der Regel nach einer halben Tiden-
periode (etwa alle $6^1/_2$ Stunden) seine Richtung, er „kentert".
Er geht dann in einer Richtung, von der maximalen Stärke ab-
nehmend, auf Null herab; in umgekehrter Richtung steigt dann

die Geschwindigkeit bis zu maximaler Stärke wieder an, nimmt dann nach Erreichung dieser an Stärke wieder ab, um dann nach Kenterung wieder zuzunehmen. Das ist ein hin- und hersetzender, ein alternierender Strom. Flut- und Ebbestrom haben bei ihm stets genau entgegengesetzte Richtungen. Zumeist dreht aber der Gezeitenstrom, schwächer werdend, seine Richtung rechts oder links herum in die entgegengesetzte Seite und nimmt sodann an Stärke wieder zu („Drehstrom“). Abb. 15 gibt als Beispiel Rich-

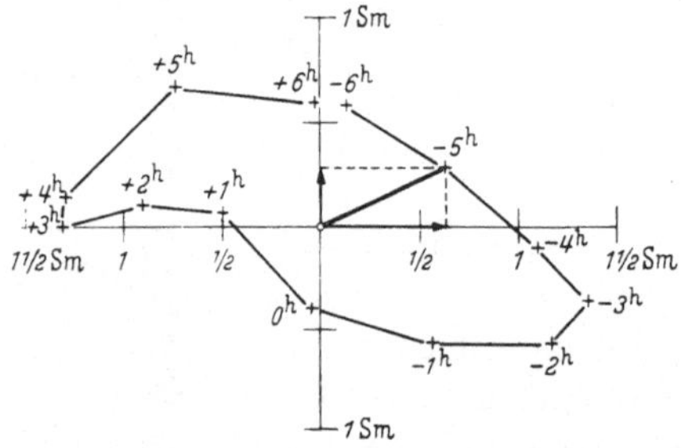

Abb. 15. *Stromfigur* ermittelt aus stündlichen Beobachtungen der Stromrichtung und Geschwindigkeit 4,5 sm westsüdwestlich von dem Feuerschiff Elbe 1 von 6 Stunden vor bis 6 Stunden nach Hochwasser bei Helgoland (Geschwindigkeiten in Seemeilen pro Stunde).

tung und Stärke des Gezeitenstromes für einen Punkt 4,5 Seemeilen westsüdwestlich von Feuerschiff Elbe 1 von 6 Stunden vor bis 6 Stunden nach Hochwasser bei Helgoland in Form einer Stromrose („Stromfigur“). Man sieht, daß es sich hier um einen rechtsdrehenden oder im Uhrzeigersinn drehenden Strom handelt, mit maximalen Geschwindigkeiten von etwa 1,4 Seemeilen pro Stunde nach Ostsüdost bzw. nach W, wobei der Strom um 6 Uhr bzw. 0 Uhr gegen Hochwasser bei Helgoland kentert.

III. Die fluterzeugenden Kräfte

1. Die fluterzeugenden Kräfte von Mond und Sonne

Wenn man sich mit jenen Kräften befassen will, die das Gezeitenphänomen des Meeres hervorrufen, so muß zunächst etwas Prinzipielles festgesetzt werden. Man muß scharf unterscheiden zwischen dem *Kräftesystem*, das die Gezeiten verursacht, und den

Wirkungen dieses Kräftesystems auf die Wassermassen der Meere oder auf die Luftmassen der Atmosphäre oder auf die Erdmassen der Erdfeste. Das Kräftesystem ist da, auch wenn keine sichtbaren oder meßbaren Massenverschiebungen in diesen drei Medien, die den Aufbau der Erde geben, also keine Gezeiten vorhanden wären. Es ist wichtig diese Unterscheidung zu machen, da wir über die fluterzeugenden Kräfte als Ursache der Gezeiten außerordentlich gut informiert sind. Wir kennen mit der größten Genauigkeit die Größe dieser Kräfte, ihre Verteilung auf der Erde und ihre zeitlichen Schwankungen und es ist kaum zu erwarten, daß die Zukunft uns hierin etwas Neues bringen wird. Im Gegensatz hierzu sind unsere Kenntnisse über die Wirkung dieser Kräfte auf die Wassermassen der Meere, auf die Atmosphäre und Erdfeste, also über die Gezeiten in diesen drei Medien der Erde recht bescheiden. Wir wissen nur das Grundlegende und Allerwichtigste und dieses Wissen ist noch sehr einer Erweiterung und Vertiefung bedürftig. Hierin kann durch Entwicklung der Instrumententechnik und durch genauere und systematische Beobachtungen die Zukunft noch wesentliche Fortschritte bringen.

Wenn man verstehen will, wie die fluterzeugende Kraft der Gestirne — es kommen nur der Mond und die Sonne in Frage — zustande kommen, dann muß man auf die *Newton*schen *Anziehungskräfte* zurückgehen, die zwischen den Massen der Gestirne wirken. Diese Massenanziehung oder Gravitation ist nicht nur gegenseitig z. B. zwischen Erde und Mond oder Erde und Sonne wirksam, sondern zwischen irgendwelchen Körpern, und wenn auf der Erde jeder Körper zu Boden fällt, falls eine Unterlage dies nicht verhindert, so rührt dies von derselben *Newton*schen Kraft her, nach der zwei Massen sich anziehen, und zwar um so mehr, je größer sie sind, und um so weniger, je weiter sie voneinander entfernt sind. Diese Anziehungskräfte bestimmen z. B. die jährliche Bewegung der Erde um die Sonne, genauer gesagt um den gemeinsamen Schwerpunkt Sonne—Erde, sie bestimmen auch die monatliche Bewegung von Mond und Erde um den gemeinsamen Schwerpunkt. Wollen wir einmal den Fall Erde—Mond für sich allein betrachten; für das System Erde-Sonne gilt Analoges. Wenn Erde und Mond nicht in Bewegung wären, dann würden die Anziehungskräfte die Entfernung Erde-Mond immer mehr verkleinern und schließlich würden beide Himmelskörper aufeinander fallen. Durch die monatliche Bewegung des Mondes und der Erde um den gemeinsamen Schwerpunkt treten aber auch *Fliehkräfte* auf. Es sind dies jene Zentrifugalkräfte, die sich stets bemerkbar machen, wenn man sich mehr oder minder schnell in einer Kurve bewegt und die stets den bewegten Körper nach außen drängen. Diese Fliehkräfte heben die gegeneinander wirkenden Anziehungskräfte gerade auf. Die Entfernung Erde—Mond ist gerade so groß, daß zwischen der *Gesamtheit aller Anziehungskräfte* zwischen allen Massenteilchen der Erde und allen Massenteilchen des Mondes und der *Gesamtheit aller auftretenden Fliehkräfte* Gleichgewicht herrscht. Der Angriffspunkt dieser Kräfte, die demnach gleich groß und entgegengesetzt gerichtet sind, ist der Mittelpunkt der Erde bzw. des Mondes (Abb. 16). Auf diesem Gleichgewicht zwischen Anziehungskraft und Fliehkraft bei jedem in Beziehung zueinander tretenden Himmelskörpersystem beruht der stets gleichbleibende Ablauf aller astronomischen Bewegungen in unserem Sonnensystem, jene kosmische Stabilität, die eines der größten Wunder unseres Weltalls ist.

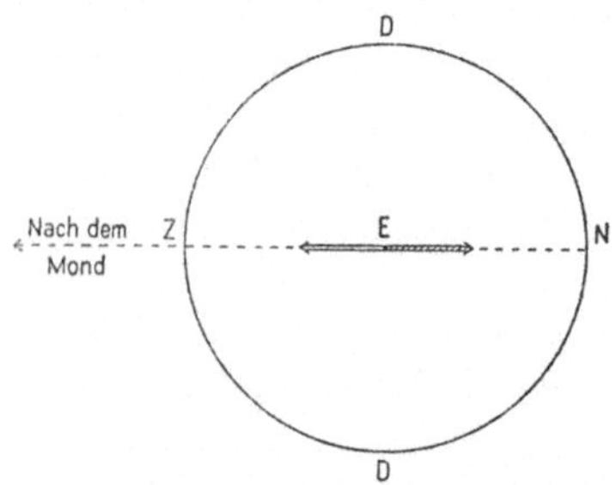

Abb. 16. *Gleichgewicht zwischen* der Gesamtheit der *Anziehungskräfte* zwischen allen Massenteilchen der Erde und allen Massenteilchen des Mondes und der Gesamtheit aller auftretenden *Fliehkräfte*.

Wenn man die Erde als *Ganzes* betrachtet, besteht somit völliges Gleichgewicht zwischen den wirkenden Kräften. Aber wenn man einen einzelnen Punkt der Erde für sich betrachtet, besteht dieses Gleichgewicht nicht mehr. Für die einzelnen Punkte der Erdoberfläche kann dieses Gleichgewicht schon deswegen nicht vorhanden sein, weil ja die Anziehungskraft von seiner Entfernung vom Mond abhängt, die doch für jeden Punkt der Erde verschieden ist, während die Fliehkraft für alle Punkte der Erde gleich groß ist, da ja alle *dieselbe* Bewegung um den Schwerpunkt Erde-Mond ausführen. Wenn wir für die einzelnen Punkte der Erdoberfläche diese Kräfte miteinander vergleichen, dann bleiben

Restkräfte übrig, die über die Erdoberfläche eine bestimmte Verteilung besitzen, die sich aber alle gegenseitig aufheben, wenn man sie für die *ganze Erde* zusammenfaßt. Diese Restkräfte sind die *fluterzeugenden Kräfte*. Im Punkte Z, an dem der Mond im Zenith steht, ist die Anziehungskraft gegen den Mond gerichtet und ist, da der Punkt dem Mond am nächsten steht, größer als die Fliehkraft (siehe Abb. 17). Es bleibt, wenn man die Differenz nimmt, eine kleine Restkraft, die gegen den Mond gerichtet ist, übrig. Im Gegenpunkt von Z, an dem der Mond im Nadir steht, in N ist

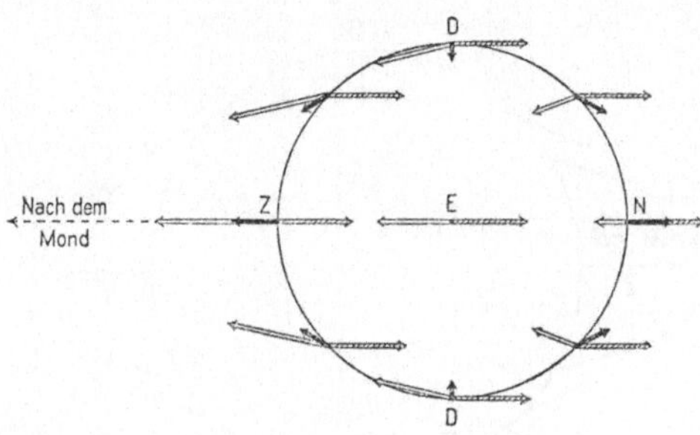

Abb. 17. *Bestimmung der Größe und Richtung der fluterzeugenden Kraft* als Differenz zwischen der Anziehungskraft und der Fliehkraft der einzelnen Punkte der Erdoberfläche. Offene Pfeile: Anziehungskraft; schraffierte Pfeile: Fliehkraft; schwarze Pfeile: fluterzeugende Kraft.

die Anziehungskraft kleiner als in Z, da N am weitesten vom Mond absteht; sie ist auch kleiner wie die Fliehkraft, so daß die Restkraft vom Monde weggerichtet ist. In beiden Fällen hat die fluterzeugende Kraft eine Richtung, die vom Erdmittelpunkt *nach außen* gerichtet ist. Für jeden anderen Punkt der Erdoberfläche lassen sich die Anziehungskraft des Mondes und die Fliehkraft der Bewegung nach Richtung und Größe ermitteln. Setzt man diese Kräfte nach dem Satze des Parallelogramms der Kräfte, wie es in Abb. 17 geschehen ist, zusammen, dann bleibt als Rest ein ganz bestimmtes System der fluterzeugenden Kraft übrig. Für die Punkte Z und N wollen wir diese Flutkraft quantitativ auch berechnen. Durch die Anziehungskraft strebt im Mittelpunkt der Erde E (siehe Abb. 16) jedes Kilogramm irdischer Masse mit der allerdings sehr kleinen Kraft von $+$ 3,38 mg Gewichten zum Monde hin. Die Fliehkraft der Erdbewegung um den gemeinsamen

Schwerpunkt Erde-Mond ist gleich groß, aber entgegengesetzt gerichtet, also — 3,38 mg Gewichte. Ihre Summe ist somit Null. In Z ist wegen des geringeren Abstandes vom Mond die Anziehungskraft etwas größer, nämlich + 3,49 mg, in N hingegen wegen des größeren Abstandes kleiner, nämlich + 3,27 mg. Die Fliehkraft ist in Z, wie in N, infolge der gleichen Bewegung gleich groß wie in E, nämlich — 3,38 mg. Die fluterzeugende Kraft ist somit in Z + 3,49 — 3,38 = + 0,11 mg Gewichte, in N hingegen + 3,27 — 3,38 = — 0,11 mg Gewichte. Beide Kräfte

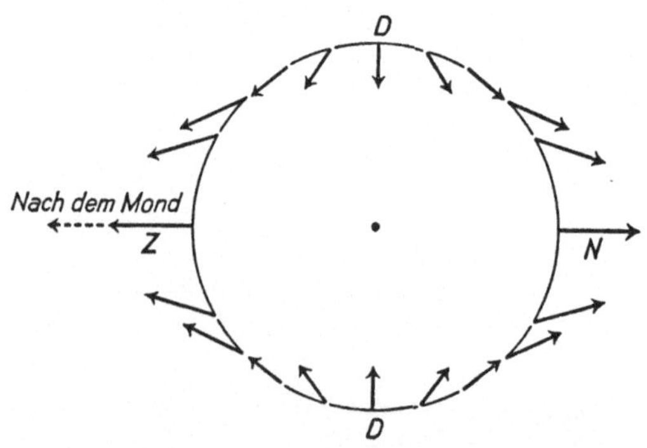

Abb. 18. *Verteilung der fluterzeugenden Kraft* auf einem Meridionalschnitt durch die Erde.

sind gleich groß, aber ihre Richtung ist verschieden: in Z zum Monde hin, in N vom Monde weg; in beiden Fällen wirkt die fluterzeugende Kraft für den betrachteten Erdpunkt nach „oben". Denn „unten" ist für uns an der Erdoberfläche stets die Richtung zum Erdmittelpunkt E hin. Für die anderen Punkte der Erdoberfläche ist die fluterzeugende Kraft gegen die Horizontalebene geneigt. Abb. 18 gibt die Verteilung auf einem Meridionalschnitt durch die Erde. Nur an vier Punkten wirkt die fluterzeugende Kraft senkrecht zur Erdoberfläche, also nach oben oder nach unten; sonst wirkt sie schräg nach oben oder unten und an vier Punkten hat sie die Richtung der Tangente, sie wirkt also in der waagerechten Richtung. In der Abb. 18 sind die Kraftpfeile sehr groß gezeichnet, obwohl die Flutkraft gemessen z. B. an der Schwerkraft sehr klein ist. Um eine Vorstellung ihrer Größe zu bekommen, mag erwähnt werden, daß dort, wo sie nach oben, also entgegen der Schwerkraft wirkt (an den Punkten Z und N der Abb. 17), durch sie ein Mensch von 90 kg Körpergewicht nur um 10 mg leichter wird, d. i. um das Gewicht eines Schweißtropfens oder einer Träne. Die fluterzeugende Kraft kann im Höchstfall die Schwerkraft um ein Neunmillionstel vergrößern oder verkleinern. Sie ist demnach so klein, daß sie im allgemeinen gegenüber der Schwerkraft vernachlässigt werden kann.

Aber neben einem vertikalen Anteil besitzt die fluterzeugende Kraft auch eine horizontale Komponente, die also in der Richtung der Erdoberfläche wirkt. Diese ändert zwar nicht die Größe der Schwerkraft, aber ihre Richtung. Sie vermag um winzige Beträge die Lotrichtung zu ändern: Ein 12 m langes Pendel würde unter ihrer Einwirkung an seinem Ende um etwa $^1/_{1000}$ mm, d. h. um ein Mikron abgelenkt. Aber trotz ihrer Kleinheit ist diese horizontale Komponente bedeutungsvoller als die vertikale, da im allgemeinen in der horizontalen Richtung auf der Erde

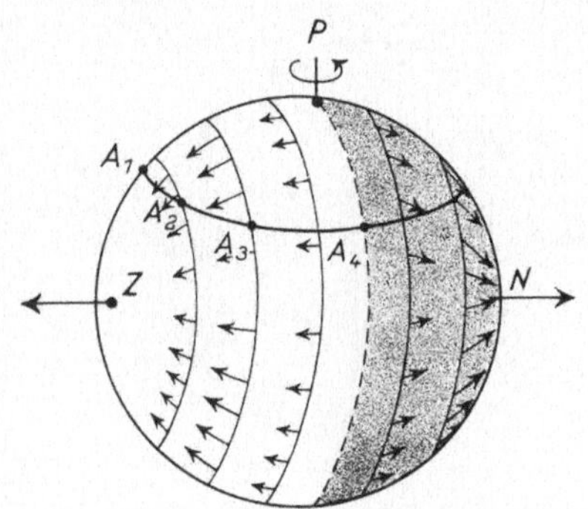

Abb. 19. *Das System der horizontalen Komponente der fluterzeugenden Kraft* an der Erdoberfläche. Im Punkte *Z* steht der Mond im Zenith.

Kräfte wirken, die der Größenordnung nach ihr gleichwertig sind. Man kann sie deshalb diesen gegenüber nicht ignorieren. Wir wollen uns deshalb ihre Verteilung auf der Erdoberfläche etwas näher ansehen (Abb. 19). Am stärksten ist die horizontale Komponente der fluterzeugenden Kraft auf zwei Kreisen, die um 45° vom Zenithpunkt Z und vom Nadirpunkt N abstehen. In diesen Punkten selbst ist sie Null. Auf der einen Erdhalbkugel ist die Kraft stets gegen Z, auf der anderen gegen N gerichtet und auf einem Großkreis, der um 90° von diesen Punkten absteht, sinkt sie ebenfalls auf Null herab. Alle Kraftvektoren konvergieren auf der einen Erdhälfte gegen Z, auf der anderen gegen den Gegenpunkt N.

Dieses Kräftesystem der fluterzeugenden Kraft liegt in dieser Anordnung zur Mondrichtung, d. h. zur Richtung des fluterzeugenden

Gestirns fest. Ändert der Mond seine Stellung zur Erde, dann wandert das Kräftesystem in der Form der Abb. 19 mit. Die Abb. 20 zeigt links die Anordnung, wenn der Mond sich in der Äquatorebene der Erde befindet, rechts für den Fall, daß er auf der Nordhemisphäre 28° über der Äquatorebene steht. Im ersten Fall steht er im Zenith (in Z) am Äquator, im zweiten in 28° N-Breite. Mit ihm verschiebt sich auch das Kraftfeld der horizontalen Komponente der fluterzeugenden Kraft des Mondes auf der Erde.

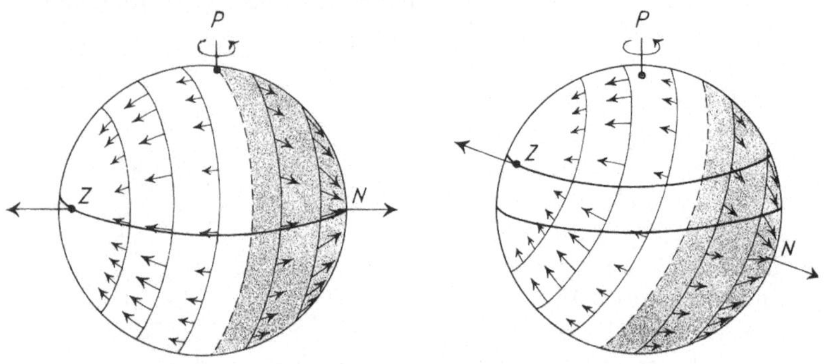

Abb. 20. *Links*: Verteilung der horizontalen Komponente der fluterzeugenden Kraft, wenn der Mond in der Äquatorebene der Erde steht; *Rechts*: wenn er über einen Punkt der Erdoberfläche in 28° N. Br. im Zenith steht.

Nun ist aber die Erde nicht in Ruhe, sie dreht sich einmal in einem Tage um ihre Achse. Das Feld der fluterzeugenden Kräfte bleibt aber zur Mondrichtung fest. Die Wirkung dieser Umstände wollen wir uns an Hand der Abb. 19 erläutern. Ein Beobachter befinde sich in einem bestimmten Augenblick im Punkte A_1. Die fluterzeugende Kraft war in diesem Moment nach Süden gerichtet. Durch die Erddrehung wird der Beobachter allmählich nach A_2 geführt. Die Flutkraft wächst etwas an und tut dies weiter, bis der Beobachter nach 3 Stunden nach A_3 kommt. Hier hat die Flutkraft den größten Wert. Dann nimmt sie wieder ab. Nach 6 Stunden, wo der Beobachter in A_4 ist, wird sie Null gerade in dem Moment, in dem der Mond für ihn untergeht. Dann ändert sie ihre Richtung, erreicht nach weiteren 3 Stunden wieder ein Maximum und so geht es fort, bis der Beobachter nach einem

Tag wieder nach A_1 kommt. Es entsteht somit durch die Erddrehung ein halbtägiger Wechsel der fluterzeugenden Kraft, sowohl in ihrer Richtung, wie auch in ihrer Stärke. Dieser Wechsel ist die Ursache der halbtägigen Schwankung aller Gezeitenerscheinungen auf der Erde. Stellt man das Hauptglied der fluterzeugenden Kraft, das für den Mond als fluterzeugendes Gestirn die Bezeichnung M_2 trägt (siehe S. 26 u. 27), durch Kraftpfeile von einem Punkt aus dar, so erhält man die Verteilung der Abb. 21. In 0° Breite (am Äquator) ist die Flutkraft M_2 völlig alternierend; um 0 (bzw. 12) und um 6 Uhr Mondzeit ist sie Null, um 3 Uhr maximal nach Westen, um 9 Uhr maximal nach Osten gerichtet; eine Nord-Südkomponente ist nicht vorhanden. Außerhalb des Äquators (z. B. in 30° oder 60° Breite) durchläuft die Richtung der Flutkraft M_2 eine Ellipse. Sie ist um 0 und 12 Uhr Mondzeit stets nach Süden gerichtet, um 6 Uhr nach Norden, um 3 Uhr nach Westen und um 9 Uhr nach Osten. Hier ist die Nord-Südkomponente somit von derselben Größenordnung wie die westöstliche.

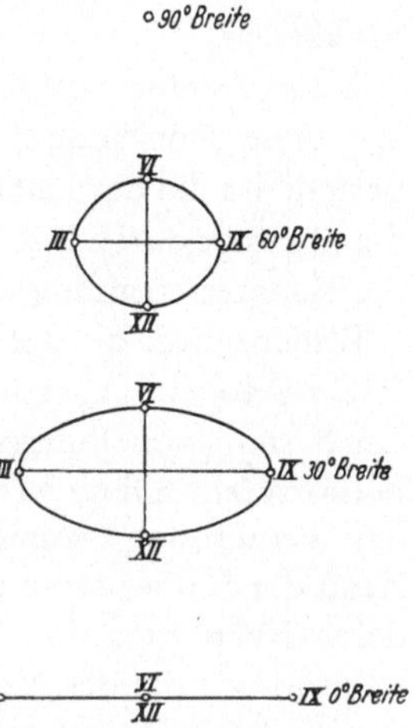

Da die fluterzeugende Kraft der Unterschied zwischen der Anziehungskraft des Mondes und der Fliehkraft der Bewegung der Erde um den gemeinsamen Schwerpunkt Erde-Mond ist, diese Kräfte aber von der Entfernung der Erde vom Mond abhängen, wird das System der fluterzeugenden Kräfte auch von dieser Entfernung abhängen. Diese Entfernung ändert sich, wenn auch nicht stark, stetig im Laufe eines Monats, so daß die fluterzeugenden Kräfte ebenfalls solchen kleinen Änderungen unterworfen sein werden. Ferner steht der Mond nicht immer über dem Äquator, sondern geht bald auf die Nord- bald auf die Südhemisphäre;

Abb. 21. Verlauf der fluterzeugenden Kraft der Partialtide M_2 während einer Periode an einzelnen Punkten der Nordhalbkugel. Die Gezeitenkraft entspricht nach Richtung und Größe einem Pfeil, den man sich jeweils vom Mittelpunkt der Ellipse nach den mit den römischen Stundenziffern bezeichneten Punkten gezogen denken muß.

er ändert seine Deklination, die am Äquator Null ist. Durch die zum Erdäquator nun unsymmetrische Lage des Systems der fluterzeugenden Kräfte (siehe Abb. 21 rechts) wird der Gang der fluterzeugenden Kraft für die beiden Taghälften nicht mehr· gleich, es entsteht also eine *tägliche Ungleichheit* der Flutkraft, die um so größer ist, je mehr der Mond vom Äquator absteht.

Man erkennt, daß die fluterzeugende Kraft des Mondes durch alle diese Umstände von *periodischer Natur* wird. Die Hauptperiode ist die des halben Mondtages, jene der M_2-Komponente. Sie überragt durch ihre Intensität alle anderen und stellt jedenfalls die Haupterscheinung dar.

Bisher wurde als fluterzeugendes Gestirn nur der Mond in Betracht gezogen. Aber auch die Sonne wird in ganz analoger Weise ein System von fluterzeugenden Kräften auf der Erdoberfläche hervorrufen. Diese wird nun von der Masse der Sonne und von der Entfernung Sonne—Erde abhängen. Die fluterzeugende Kraft der Sonne, deren Hauptperiode ein halber Sonnentag ist und deren Hauptglied mit S_2 bezeichnet wird, ist aber nur etwa halb so groß wie die des Mondes. Das kommt davon, daß, trotzdem der Mond eine vielmals kleinere Masse als die Sonne hat, die wesentlich kleinere Entfernung Erde—Mond den Ausschlag gibt. Der Mond spielt wegen seiner Nähe die Hauptrolle. Die Sonne würde wegen ihrer großen Entfernung von der Erde ganz zurücktreten, würde nicht ihre überaus große Masse diesen Umstand teilweise kompensieren.

Durch das Zusammenwirken von Mond und Sonne entsteht die *halbmonatliche* Ungleichheit. Bei Neumond stehen Sonne und Mond, von der Erde aus gesehen, in der gleichen Richtung. Die Flutkraft des Mondes überlagert sich jener der Sonne. Die resultierende Flutkraft beider Gestirne zusammen ist, da die Flutkraft der Sonne die Hälfte jener des Mondes ist, nun auf das $1\frac{1}{2}$fache verstärkt. Dasselbe findet auch bei Vollmond statt. Mond und Sonne stehen sich dann gegenüber, sie stehen über Z und N in Abb. 17. Beim ersten und letzten Viertel (Quadraturen) stehen Mond und Sonne kreuzweise zueinander. Der Einfluß des Mondes wird dann durch die Sonne auf etwa die Hälfte herabgesetzt. Das ist die Ursache der Spring- und Nipptiden.

Die anderen Glieder unseres Sonnensystems (Planeten) sind zu klein und zu weit von der Erde entfernt, um eine merkliche fluterzeugende Kraft auf der Erde hervorzurufen. Das System der fluterzeugenden Kraft von Mond und Sonne läßt sich auf rechnerischem Wege mit der allergrößten Genauigkeit bestimmen und es bietet keine Schwierigkeit, für jeden Punkt der Erdoberfläche und für jeden Augenblick aus der astronomisch gegebenen Stellung von Mond und Sonne zur Erde die Größe und Richtung der fluterzeugenden Kraft anzugeben. Wegen der fortwährenden Änderung der Stellung dieser Gestirne zur Erde ändert sich auch die fluterzeugende Kraft fortwährend. Die Mathematik ist imstande, alle *Perioden* dieser Änderungen und die *Intensitätsschwankungen* der Flutkraft zu bestimmen. Von diesen ist für den Mond die halbmondtägige Schwankung M_2, für die Sonne die halbsonnentägige Schwankung S_2 die wichtigste. Aber es gibt noch eine Unzahl anderer Perioden, die weniger wichtig sind, die man aber auch berücksichtigen muß, will man die zeitlichen Veränderungen der fluterzeugenden Kraft auf der Erdoberfläche mit größerer Genauigkeit überblicken.

2. Experimenteller Nachweis der fluterzeugenden Kräfte

Die Theorie der fluterzeugenden Kräfte von Mond und Sonne beruht in erster Linie auf der *Newton*schen Gravitationskraft. *Newton* selbst hat diese Kräfte schon als eine Folgerung der von ihm entdeckten Anziehungskräfte zwischen Erde und störendem Gestirn (Mond oder Sonne) erkannt. Damals war es aber nicht möglich, das Vorhandensein der fluterzeugenden Kräfte im Laboratorium direkt durch Messungen nachzuweisen. Erst 200 Jahre nach *Newton* ist es dank der modernen physikalischen Instrumenttechnik gelungen, Apparate zu verfertigen, die die winzig kleinen fluterzeugenden Kräfte von Mond und Sonne *messend* zu verfolgen gestatten. Durch die Einwirkung der horizontalen Komponente der Flutkräfte auf ein freihängendes Pendel, das in seiner Ruhestellung die Lotrichtung angibt, wird die Pendelkugel etwas aus ihrer Ruhelage verschoben. Durch die Einwirkung der vertikalen Komponente wird das Gewicht eines kleinen Körpers etwas vergrößert bzw. verkleinert, je nachdem diese vertikale Komponente die Richtung der Schwerkraft hat oder ihr entgegenwirkt. Aber

diese Abweichungen von der Lotrichtung und die Gewichts-
änderungen sind winzig klein. Bei den Lotabweichungen handelt
es sich um Winkel von $^1/_{58}$ Bogensekunde; ein 100 m langes Pendel
würde am unteren Ende durch Einwirkung der horizontalen
Komponente der Flutkraft nur um $^1/_{10}$ mm seitlich aus seiner
Ruhelage herausgedreht. Unter Einwirkung der vertikalen Komponente der Flutkraft würde die Schwer-
kraft um 1 Millionstel ihres normalen
Betrages verändert. Ein an einer Spiral-
feder aufgehängtes Kilogramm-Ge-
wicht, daß die Feder um 1 m in die
Länge zieht, würde sich durch den Zutritt der vertikalen Komponente der
Flutkraft um die äußerst kleine Strecke
von $^1/_{9000}$ mm $= ^1/_9$ Mikron auf- und
abbewegen. Es ist klar, daß man solche
winzige Größen nicht einfach beobachten kann, es müssen Instrumente ersonnen werden, durch welche diese kleinen
Größen vergrößert und auf diese Weise
zur Aufzeichnung gebracht werden
können. Die moderne, hochentwickelte
Feinmechanik hat dies tatsächlich zu-
wege gebracht.

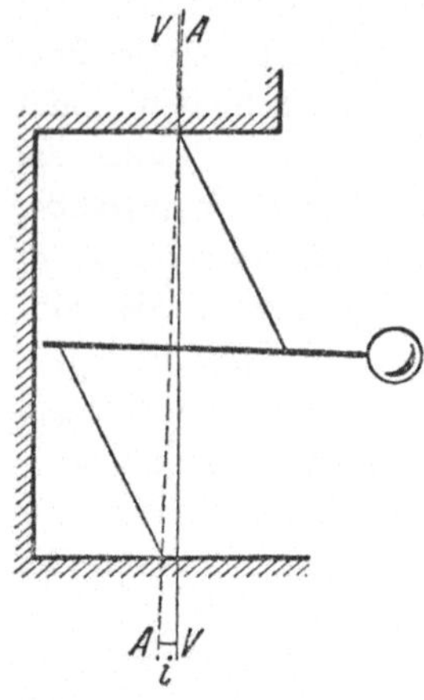

Abb. 22. *Prinzip des Hori-
zontalpendels.* Der mit der
Kugel beschwerte Stab
hängt an zwei schrägen
Fäden. *VV* und *AA* sind
unter dem Winkel *i* ge-
neigte, gedachte Linien.
(Schematisch.)

Zur Messung der kleinen Neigungsänderungen, wie sie mit den Lotabweichungen verknüpft sind, benutzt man
das *Horizontalpendel.* Das Prinzip dieses Apparates ist folgendes: Ein
an einem Ende beschwerter Stab (Abb. 22) ist so befestigt, daß er
sich um eine fast senkrechte Achse drehen kann. Wäre die Achse
genau senkrecht (VV in Abb. 22), könnte das Pendel durch jede
noch so kleine Kraft gedreht werden und würde schließlich eine
neue Ruhelage aufsuchen, bei der keine seitliche Komponente dieser
Kraft auf ihn wirkt. Hört die Kraft zu wirken auf, so bleibt das
Pendel in der letzten Lage liegen, da es ja keine weitere Kraft gibt,
um es aus dieser Lage herauszudrehen. Läßt man die Achse AA
des Pendels gegen die vertikale VV um ein wenig geneigt sein
(in Abb. 22 um den kleinen Winkel *i*), dann läßt sich das Horizontal-

pendel immer noch sehr leicht durch eine seitlich wirkende Horizontalkraft aus der Ruhelage herausdrehen; aber, wenn die Kraft zu wirken aufhört, kehrt es, sich selbst überlassen, wieder in die Anfangslage zurück, in der das Pendelgewicht die tiefste Lage hat. Die kleine Komponente der Schwerkraft $g \sin i$ bewirkt diese jedesmalige Rückkehr des Pendels in die Ruhelage. Die Ablenkung aus dieser Ruhelage ist aber ein Maß für die seitliche Kraft, die sie erzwang. Um Reibungseinflüsse zu vermeiden, wird die Achse fortgelassen und man benützt statt dessen eine bifilare Aufhängung des Stabes, wie sie in Abb. 22 angedeutet ist. Der Apparat ist so äußerst empfindlich für *seitliche* Krafteinwirkungen. Aber nur Komponenten quer zum Pendel werden eine Drehung verursachen. Man benötigt deshalb zwei zueinander senkrecht stehende Horizontalpendel, um z. B. die west-östliche und nord-südliche Komponente der fluterzeugenden Kraft zu erhalten. Die Registrierung erfolgt in der Weise, daß ein am Pendelkörper befestigter Spiegel einen auffallenden Lichtstrahl auf einen langsam bewegten Film mit wesentlicher Vergrößerung der Spiegeldrehung wirft. Der Apparat ist für *alle* Neigungsänderungen der Unterlage, auf der er steht, äußerst empfindlich. Will man die Schwankungen der horizontalen Komponente der Flutkraft möglichst rein haben, dann muß man alle anderen Störungen, die ebenfalls Neigungen verursachen können, ausschalten. Die unangenehmsten dieser Art sind die täglichen Temperaturschwankungen der obersten Erdschichten, da durch ihre Erwärmung und Abkühlung Bodenbewegungen hervorgerufen werden, deren Wirkungen der Größenordnung nach so groß sind wie die Ablenkungen durch die Flutkräfte. Man stellt deshalb solche Apparate in tiefen Bergwerksschächten oder Kellern auf, wo sie von solchen Störungen frei sind.

Die ersten Messungen dieser Art hat *W. Schweydar* in Freiberg i. Sa. in 189 m Tiefe, später *W. Schaffernicht* in einem 25 m tiefen Felsenkeller in Marburg a. d. L. ausgeführt. Das wesentlichste Ergebnis für die Hauptmondtide M_2 ist in Abb. 23 gegeben. Die östlichen und nördlichen Ablenkungen, die die Horizontalpendel ergaben, lassen sich nach Richtung und Größe als gerichtete Pfeile (Vektoren) zusammensetzen. Eine Kurve, die die Pfeilspitzen verbindet, gibt dann den Weg, den das Lotende infolge der Störung durch die horizontale Komponente der fluterzeugenden Kraft des Mondes beschreiben würde. M. und Fr. geben in Abb. 23 die Ellipse für Marburg und Freiberg; der Theorie nach müßte die Ellipse *Th.* sein. Es besteht kein Zweifel, daß ein Lot durch die Einwirkung der Gezeitenkräfte abgelenkt wird. Die horizontale Komponente der Flutkräfte ist damit experimentell nachgewiesen. Aber die Wegellipsen sind, wie Abb. 23 zeigt, kleiner als sie sein sollten, und es zeigten sich auch kleinere

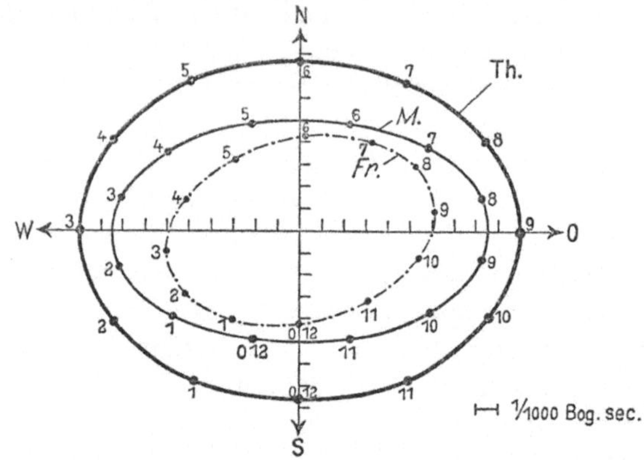

Abb. 23. Änderung der Richtung und Stärke der horizontalen Komponente der fluterzeugenden Kraft für das Hauptglied der Mondgezeit M_2; die Ellipsen geben auch den Weg eines Lotkörpers während einer Periode von M_2. *Th*: Theoretische Werte. *M.*: beobachtet in Marburg a. d. L., *Fr.*: beobachtet in Freiburg i. S. Die Zahlen auf den Achsen bedeuten Tausendstel Winkelsekunden, die Zahlen an den Ellipsen Tidestunden (nach *Tomaschek* und *Schaffernicht*).

Abweichungen in den Eintrittszeiten. Zum Beispiel sollte um 6 Uhr die Flutkraft genau nach N gerichtet sein. In Marburg (M.) tritt dies schon um $5\,^1/_2$ Uhr ein, in Freiberg (Fr.) ist die Abweichung kleiner. Die Größe der Lotabweichungen ist nur etwa $^2/_3$ des theoretischen Betrages. Dies kann man nur verstehen, wenn eine Störung vorhanden ist, die den gleichen Rhythmus wie die Flutkraft hat und die Verminderung der Lotabweichung bedingt. Wir wollen uns nicht weiter mit dieser Tatsache beschäftigen und kommen später darauf zurück (Kap. VIII).

Auch das Vorhandensein der vertikalen Komponente der fluterzeugenden Kraft ist in neuerer Zeit durch das *Bifilargravimeter* von *R. Tomaschek* und *W. Schaffernicht* nachgewiesen worden. Abb. 24 veranschaulicht das Prinzip dieses Apparates. Er besteht im wesentlichen aus einer an zwei Fäden und einer Spirale aufgehängten Scheibe *C*, an der ein kleines Gewicht *P* hängt. Denken wir uns für einen Augenblick die Spirale fort, so würde sich die Scheibe in der von den Fäden auferzwungenen Richtung drehen. In der Stellung 1 befindet sich die Scheibe in ihrer tiefsten Lage und die an den Punkten *A* und *B* befestigten Fäden liegen in einer Ebene *A C B*. Jede Drehung der Scheibe ist mit einer Hebung oder Senkung derselben verbunden und umgekehrt. Mittels des Spiralknopfes *a* läßt sich die Scheibe links herum drehen und jeder Drehung entspricht eine bestimmte Ruhelage, in der sich Faden- und Spiralfederkraft das Gleichgewicht halten. Dies gilt bis zur Stellung 3. Jede weitere Drehung der Scheibe (z. B. Stellung 4) bedingt ein Durchschlagen der Vorrichtung. Knapp vor der Stellung 3 ist somit der Zustand ein sehr labiler und äußerst empfindlich für kleine zusätzliche Kräfte, wie es z. B. die vertikale Komponente der Flutkraft ist, die das Gewicht der Scheibe und des Gewichts *P* um ein kleines vergrößert bzw. verkleinert. Durch den Spiegel *S* können die kleinen Drehungen der Scheibe, die durch die vertikale Komponente der Flutkraft bedingt sind, in kräftiger Vergrößerung auf einem Film aufgezeichnet werden. Abb. 25 gibt ein Beispiel einer Registrierung eines Bifilargravimeters, die in dem 25 m tiefen Felsenkeller in Marburg a. d. L.

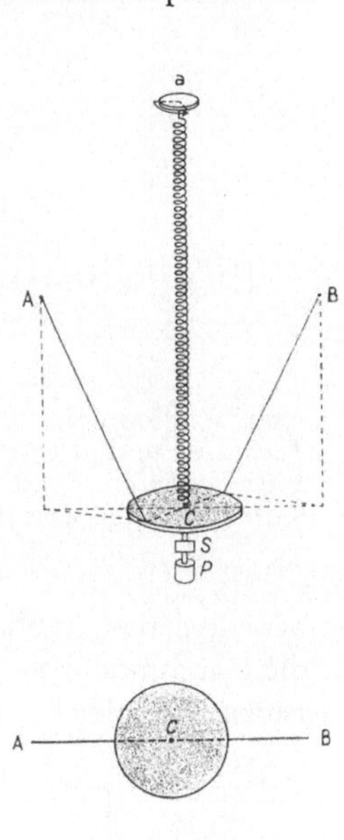

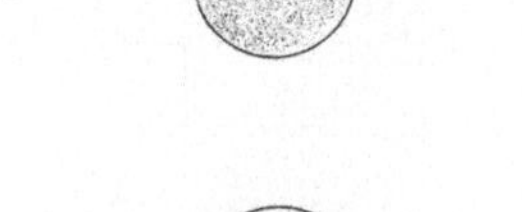

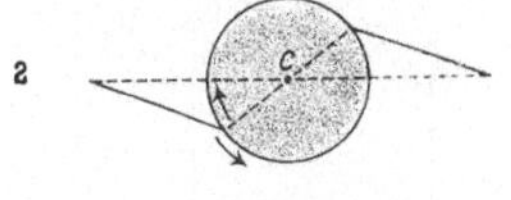

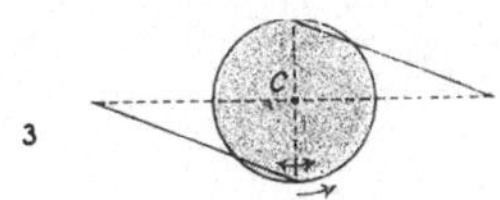

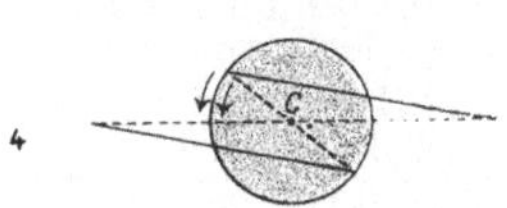

Abb. 24. Prinzip des Bifilargravimeters, schematisch.

gewonnen wurde. Aus längeren Registrierungen lassen sich dann die einzelnen Glieder der vertikalen Komponente der Flutkraft

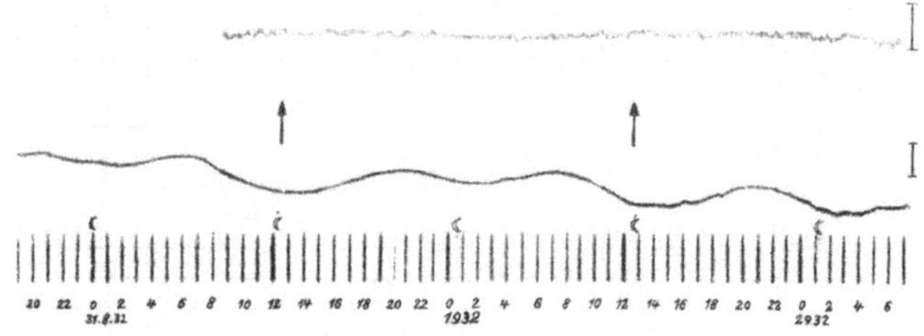

Abb. 25. Beispiel einer Registrierkurve eines Bifilargravimeters (nach *Tomaschek* und *Schaffernicht*). Die obere Kurve gibt die Temperaturänderungen im Registrierraum. Das Mondzeichen unter der unteren Kurve zeigt die Zeit des oberen bzw. unteren Meridiandurchgangs des Mondes an.

herausschälen. Abb. 26 zeigt den Verlauf dieser Komponente für die Hauptmondtide M_2, und zwar für Marburg und für Berchtesgaden aus gleichzeitigen zweimonatlichen Beobachtungen. Die einfach gestrichelte und die ganz ausgezogene Kurve zeigen die aus der Theorie sich ergebende Schwankung. Auch hier findet man jene Verminderung der Schwankungsgröße, die wir schon aus den Messungen der horizontalen Komponente der Flutkraft gefolgert haben. Die Beträge sind wieder auf $2/3$ des theoretischen Wertes herabgesetzt. Dann zeigen sie auch kleine Verschiebungen in den Eintrittszeiten. Marburg hinkt dem Mond um eine Stunde nach, Berchtesgaden eilt ihm um eine Stunde vor. Die Messungen

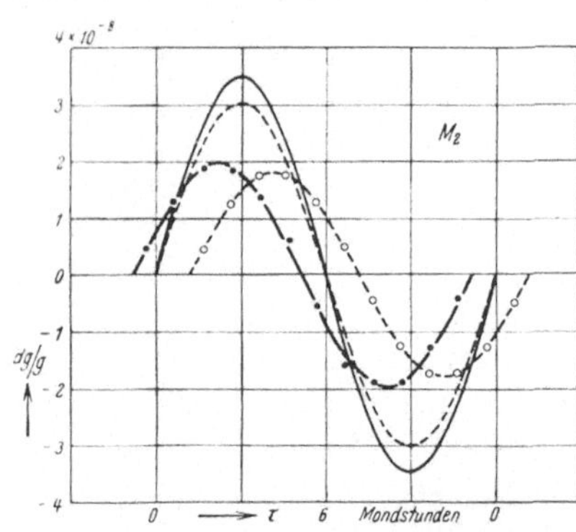

Abb. 26. Schwerkraftschwankungen der Hauptmondgezeit M_2 in Marburg a. d. L. (-o-o-o-) und Berchtesgaden (-·-·-·-) zum Vergleich mit den theoretischen Werten (- - - -) für Marburg, (———) für Berchtesgaden (zweimonatliche Beobachtungen, Meridiandurchgang des Mondes um 9 Uhr).

beweisen aber, daß die vertikale Komponente der fluterzeugenden Kraft tatsächlich vorhanden ist.

Der experimentelle Nachweis der Flutkräfte ist durch diese Untersuchungen in völlig einwandfreier Weise erbracht worden. Die Veränderung der beobachteten Kräfte auf $^2/_3$ des theoretischen Betrages, der bei den Messungen sowohl der horizontalen wie der vertikalen Komponente der Flutkraft gefunden wurde, ist eine Folge der Nachgiebigkeit der Erdfeste gegenüber den Gezeitenkräften und beweist, daß auch der feste Erdkörper Gezeitenbewegungen ausführt (siehe Kap. VIII).

IV. Das Verhalten der Gewässer gegenüber den fluterzeugenden Kräften. Erklärung der Gezeitenentstehung

1. Allgemeines

Wenn man die Wirkungen des Systems der fluterzeugenden Kräfte von Mond und Sonne auf die drei Schichten im Aufbau der Erde, d. i. auf die Wassermassen der Meere, auf die Luftmassen der Atmosphäre und auf die Massen der Erdfeste untersuchen will, dann muß man sich darüber klar sein, daß diese Kräfte für ein gegebenes Volumen dieser Medien nicht gleich groß sind. Die fluterzeugenden Kräfte sind wie die *Newton*schen Anziehungskräfte proportional der Masse des anziehenden Gestirns, also des Mondes oder der Sonne, aber auch proportional der angezogenen Masse. Sie sind somit um so größer, je größer die Masse auf der Erde ist, die der Flutkraft unterliegt. Betrachtet man jeweils die Masse eines Liters = 1000 cm³ der drei Schichten, so sind diese Massen recht verschieden. Die Masse eines Liters der Gesteine der Erdkruste wiegt etwa 2,5 kg, die Masse eines Liters Meerwassers etwa 1 kg, die Masse eines Liters Luft nur etwas mehr als 1 g. Die fluterzeugenden Kräfte auf 1000 cm³ der drei Medien im Aufbau der Erde verhalten sich somit wie 2,5 : 1 : 0,001. In der Atmosphäre der Erde werden die Wirkungen der fluterzeugenden Kräfte etwa 1000 mal kleiner zu erwarten sein als in den Ozeanen, wenn wir etwas roh annehmen wollen, daß die Beweglichkeit dieser beiden Medien ungefähr gleich groß ist. Wenn man nur die Größe der Flutkraft berücksichtigt, würde man andererseits Gezeiten im festen Erdkörper erwarten, die etwa $2^1/_2$ mal so groß wären wie die ozeanischen Gezeiten. Aber die Beweglichkeit dieser festen Massen ist außerordentlich klein; diese Massen haben als Ganzes etwa eine Starrheit, die ungefähr jener des Stahles gleichkommt. Das bewirkt, daß sie nur schwer verschiebbar sind und der Einwirkung der Flutkräfte trotz ihrer etwas größeren Intensität schwerer nachgeben als das Wasser der Ozeane. So kann man ganz allgemein schon schließen, daß die größten Wirkungen der fluterzeugenden Kräfte von Mond und Sonne in den Meeren anzutreffen sein werden, daß sie sowohl in der Lufthülle der Erde wie in der Erdfeste nur schwach in Erscheinung treten werden. Aber in diesen beiden Hüllen im Aufbau der Erde sind ebenfalls Gezeiten vorhanden, die man allerdings nicht wahrnehmen kann, sondern nur mit entsprechend empfindlichen Instrumenten und nach Ausschaltung sonstiger Störung, die zumeist größer als sie selbst sind, nachweisen kann. Von diesen Gezeiten der Atmosphäre und Erdfeste handeln die Kapitel VII und VIII. Im folgenden wollen wir uns zunächst mit den Gezeiten der Ozeane und ihren Erklärungsversuchen beschäftigen.

2. Die Newton'sche Gleichgewichtstheorie

Da die Wassermassen der Ozeane als eine frei bewegliche Flüssigkeit den Flutkräften vollkommen nachzugeben vermögen, treten in allen Wassermassen der Erde sowohl Gezeiten als vertikale Verlagerungen des Meeresniveaus als auch Gezeitenströme als horizontale Verschiebungen der Wassermassen auf. Um ein ungefähres Bild der Wirkung der Gezeitenkräfte auf die Wassermassen zu gewinnen, ist es angebracht, zunächst die Verhältnisse bei einem Ozean zu betrachten, der die *ganze Erde* gleichmäßig bedeckt. Das ist eine vereinfachende Annahme, die schon *Newton* gemacht hat, von der er aber selbst wußte, daß sie den tatsächlichen Naturverhältnissen in keiner Weise entspricht. Um die Wirkung der fluterzeugenden Kräfte auf einen solchen Weltozean zu überblicken, ist es gut, zur Darstellung der horizontalen Komponente der Flutkräfte in Abb. 19 zurückzukehren. Unter Einwirkung dieses Kräftesystems strebt das Wasser gegen die Punkte Z und N und erzeugt hier eine Ansammlung des Wassers, während auf dem

Großkreis im Abstand von 90° davon, wo die Wassermassen aus-
einanderfließen, der Meeresspiegel sinkt. Es bilden sich also im
Zenith- und Nadirpunkt des Mondes *Flutberge*. Aber diese können
nicht ins Unbegrenzte wachsen. Denn durch die gleichzeitig sich
einstellende Neigung des Meeresniveaus bilden sich horizontale
Druckunterschiede im Meer, die das Wasser wieder in die frühere
Ruhelage zurückzutreiben trachten. Die Flutberge wachsen nur
solange, bis die Druckunterschiede im Meer den fluterzeugenden

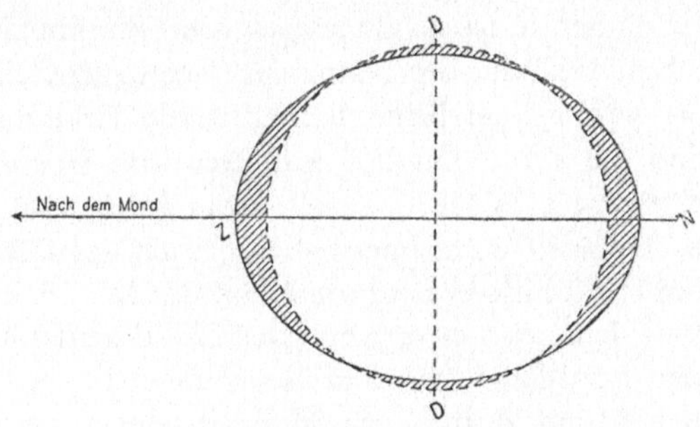

Abb. 27. Die durch die fluterzeugenden Kräfte hervorgerufene Flutdeformation eines die ganze Erde bedeckenden Ozeans. Die Flutberge
liegen zur Mondrichtung fest.

Kräften überall das Gleichgewicht halten. Dann hören die Wasserverschiebungen auf, es tritt wieder Ruhe ein und die Flutdeformation des Meeresspiegels bleibt ungeändert und fest zur Mondrichtung (Abb. 27). *Newton* hat selbst diese durch die Flutkräfte
erzwungene Deformation der Meeresoberfläche abgeleitet. Man
nennt diesen Erklärungsversuch der Gezeiten die *Gleichgewichtstheorie*. Denn überall besteht ein Gleichgewichtszustand zwischen
den fluterzeugenden Kräften und den Druckunterschieden im
Meer. Sie faßt also die Gezeiten als ein *statisches* Problem auf,
in dem keine Bewegungen, also auch keine Gezeitenströme vorkommen.

Die Gleichgewichtstheorie vermag eine ganze Reihe von Eigentümlichkeiten der Meeresgezeiten zu erklären. Vor allem die halbtägigen Mond- und Sonnentiden, deren Periode also ein halber
Mond- bzw. ein Sonnentag ist. Steht der Mond *nicht* am Himmelsäquator, hat er eine gewisse Deklination, dann sind die Flutberge

nicht symmetrisch zur Drehachse der Erde gelagert (siehe die Abb. 20, rechts) und bei der täglichen Rotation der Erde entsteht eine *tägliche Ungleichheit* in den beiden Gezeitenwellen eines Tages. Wenn der Mond am Äquator steht, ist die Lage der Flutberge zum Äquator gleich, die tägliche Ungleichheit verschwindet. Das geschieht alle 14 Tage einmal und, wenn die Deklination des Mondes am größten ist, ist es auch die tägliche Ungleichheit. Das Zusammenwirken der Flutdeformationen des Mondes und der Sonne gibt die Erscheinung der Spring- und Nipptiden. Man erkennt, daß die Gleichgewichtstheorie bis zu einem gewissen Punkte eine allgemeine, gute Beschreibung der Natur der Meeresgezeiten gibt. Aber für etwas vermag sie keine befriedigende Erklärung zu geben. Das sind die Zeiten für das Auftreten von Hoch- bzw. Niedrigwasser, was wir (siehe S. 4) als Mondflutintervall oder schlechthin als Hafenzeit bezeichnet haben. Nach der Gleichgewichtstheorie müßte für einen Beobachter auf der Nordhalbkugel Hochwasser stets dann auftreten, wenn der Mond genau südlich über oder genau nördlich unter dem Horizont steht, d. h. also dann, wenn der Mond durch den Meridian des Ortes geht. Das Mondflutintervall (Hafenzeit) müßte also für alle Orte der Erde stets genau 0 bzw. 12 Stunden betragen. In dieser Hinsicht ist die Theorie so falsch wie nur möglich, da den Beobachtungen nach das Mondflutintervall alle Werte von 0 bis 12 Stunden zeigt.

Die Gründe, weshalb die Gleichgewichtstheorie unhaltbar ist, waren *Newton* bekannt. Es ist nicht so sehr die Annahme eines die Erde gleichförmig bedeckenden Meeres daran schuld, als die Unmöglichkeit, daß sich in jedem Augenblick ein Gleichgewichtszustand zwischen den fluterzeugenden Kräften und den Druckkräften einstellt. Der Mond ändert, auch wenn wir von der scheinbaren, durch die Erddrehung bedingten Bewegung am Himmel absehen, seine Stellung zur Erde doch so rasch und damit tun es auch die Flutdeformationen, daß, um den geforderten Gleichgewichtszustand zu erhalten, enorme Wasserverlagerungen innerhalb des Meeres auftreten müßten. Die Geschwindigkeiten, die dazu notwendig wären, würden dabei so groß sein, wie sie niemals möglich sind. Es kommt also gar nicht zur Einstellung der der neuen Mondstellung zugehörigen Flutdeformation und man erkennt, daß das Problem der Gezeiten nicht als ein statisches, sondern als ein dynamisches, als ein Problem der Flüssigkeitsbewegung angesehen werden muß.

3. Die Laplace'sche Theorie

An Stelle der Gleichgewichtstheorie hat ein Jahrhundert nach *Newton Laplace* die dynamische Theorie der Gezeiten gesetzt. Er geht in ihr von der Ansicht aus, daß die fluterzeugenden Kräfte im Weltmeer statt zur Mondrichtung feststehender Flutberge *Flutwellen* erzeugen, deren Aufeinanderfolge (Perioden) durch die fluterzeugenden Kräfte festgelegt ist. Bei der Entwicklung dieser Flutwellen spielen aber außer den fluterzeugenden Kräften noch verschiedene andere Umstände (Faktoren) mit. Von größter Bedeutung sind insbesondere die Tiefe und Breite der Meeresbecken, also ihre morphologische Gestaltung, weiter die ablenkende Kraft der Erdrotation (Corioliskraft) und die Reibung. Diese ablenkende Kraft der Erdrotation ist eine Kraft, die ihren Ursprung darin hat, daß die Bewegungen des Wassers in den Gezeitenströmen auf der *rotierenden Erde* vor sich gehen. Ihre Wirkungsweise ist derart, daß jeder bewegte Körper auf der Erdoberfläche, also auch das bewegte Wasser in den Gezeitenströmen, auf der Nordhemisphäre stets nach rechts, auf der Südhemisphäre nach links abgelenkt wird. Die Corioliskraft ist am Äquator nicht vorhanden, sie ist dort Null; sie nimmt zu mit zunehmender geographischer Breite und ist am Pol am größten. Sie ist ferner um so stärker, je größer die Geschwindigkeit des bewegten Körpers (des Wassers) ist. Es läßt sich leicht einsehen, daß diese ablenkende Kraft der Erddrehung auf die Ausbildung der Gezeitenströme einen sehr tiefgehenden Einfluß ausüben wird und daß sie das Bild der Meeresgezeiten stark zu beeinflussen vermag.

Wie jede Bewegung eines Körpers unterliegen ferner die in den Gezeitenströmen bewegten Wassermassen Reibungseinflüssen, durch die vor allem ihre Geschwindigkeit herabgesetzt wird. Dabei spielt die gewöhnliche innere Reibung der Flüssigkeiten nur eine kleine Rolle, vielmehr jene Reibung, die an die ungeordnete, im Wirbeln und Walzen vor sich gehende Bewegung des Wassers in den großen und breiten Gezeitenströmen geknüpft ist. Diese *turbulente* Reibung verzehrt eine große Menge von

Bewegungsenergie und beeinflußt so ebenfalls in kräftiger Weise die schließliche Form der Gezeiten und Gezeitenströme. Mit dem Einfluß dieser beiden mitbestimmenden Faktoren wollen wir uns später eingehender beschäftigen (siehe Kap. V, 3). Für den Augenblick wollen wir von ihnen aber absehen.

Zur Erläuterung der dynamischen Theorie soll hier nur ein einfacher Fall behandelt werden, der den Einfluß der Meerestiefe auf die erzeugten Flutwellen deutlich hervortreten läßt. Nehmen wir an, der Mond sei allein vorhanden und bewege sich am Himmelsäquator. Der Ozean bestehe ferner aus einem schmalen Kanal gleichförmiger Tiefe längs des Erdäquators. Der Umfang des Kanals ist dann gemäß dem Erdumfang 40000 km. Die Flutkraftverteilung auf ihm (siehe Abb. 19) ist derart, daß die beiden Punkte, nach denen die Flutkräfte gerichtet sind (Punkte Z und N in Abb. 19) 20000 km voneinander entfernt liegen. Der eine Punkt Z steht unter dem Mond, der andere unter dem Gegenpunkt (Nadir) N. Durch die Mondbewegung am Himmel bewegen sich diese beiden Punkte relativ zur Erde mit einer Geschwindigkeit von 1610 km in der Stunde, so daß ein Umlauf um die Erde 24 Stunden 50 Minuten benötigt; das ist der Zeitunterschied zweier aufeinanderfolgender Meridiandurchgänge des Mondes an irgendeinem Orte der Erde. Wie auch immer die Natur der Gezeiten sein mag, der Mond wird in einem solchen Kanal eine Flutwelle hervorrufen, deren Abstand von Flutberg zu Flutberg (Wellenlänge) 20000 km beträgt, während die Fortpflanzungsgeschwindigkeit 1610 km in der Stunde ist. Diese Tatsachen sind von der Tiefe des Wassers im Kanal unabhängig.

Wenn im Kanal durch eine *einmalige* Störung des Wasserspiegels (etwa durch einen Erdbebenstoß) eine Welle erregt wird, dann pflanzt sich eine solche Welle, wie die Physik lehrt, mit einer Geschwindigkeit fort, die proportional der Quadratwurzel aus der Wassertiefe ist und *nur* von dieser Tiefe abhängt. Man findet, daß das Wasser im Kanal 22 km tief sein müßte, wenn eine solche „freie“ Welle mit 1610 km in der Stunde wandern soll (siehe hierzu S. 55). In einem solchen Kanal würde die vom Mond erregte Welle mit dieser freien Welle gerade Schritt halten. Da die Mondflutkraft in jedem Punkt des Kanals eine solche Welle immer wieder erregt und alle diese einmal erregten Wellen stets mit dem

Mond Schritt halten, läßt sich einsehen, daß die Flutwelle in einem solchen Kanal eine ungeheure Höhe erreichen würde. Denn der Mond unterstützt mit seiner Flutkraft immer wieder im richtigen Moment den ankommenden Flutberg der in vorhergehenden Punkten erregten Wellen. Man sagt dann die Mondflutwelle wird durch *Resonanz* mit der „freien" Welle außerordentlich verstärkt. Wenn die Wassertiefe größer oder kleiner als 22 km ist, dann gibt es diese Verstärkung der Wellenhöhe nicht, aber es gibt doch einen wesentlichen Unterschied in der Eintrittszeit des Hochwassers. Ist die Wassertiefe größer als 22 km, dann stellt sich Hochwasser stets in den Punkten Z und N ein, also unter dem Mond und unter seinem Gegenpunkt. Das Mondflutintervall ist dann, wie bei der Gleichgewichtstheorie stets 0 bzw. 12 Mondstunden. Eine solche Gezeit nennt man eine „direkte", weil die Hochwasser mit den Konvergenzpunkten der fluterzeugenden Kraft in Z und N zusammenfallen. Ist die Wassertiefe im Kanal aber kleiner als 22 km, dann verhält es sich gerade umgekehrt. In den Punkten Z und N stellen sich die Wellentäler (die Niedrigwasser) ein und das Mondflutintervall ist nun 6 bzw. 18 Mondstunden. Solche Gezeiten nennt man „indirekte".

Die wirklichen Ozeane haben Wassertiefen, die vielmals kleiner als 22 km sind, so daß in einem solchen Ozean, der den ganzen Äquator rund um die Erde umfaßt, die Gezeiten *indirekte* sein müssen. Die Eintrittszeit des Hochwassers ist 6 Stunden 13 Minuten nach Kulmination des Mondes, nicht 0 Stunden, wie nach der Gleichgewichtstheorie zu erwarten wäre. Man sieht, daß die dynamische Theorie die Schwierigkeit betreffs des Mondflutintervalls (Seite 36) überwinden kann. Dies alles gilt für einen Kanal am Äquator. Analog ähnliches läßt sich für Kanäle in anderen geographischen Breiten ableiten. Für einen Kanal in 60° Br. z. B. wäre die Wellenlänge der vom Mond erzwungenen Flutwelle 10 000 km, ihre Fortpflanzungsgeschwindigkeit 805 km in der Stunde. Die kritische Wassertiefe (Resonanztiefe) wäre in diesem Fall nur $5\,^1/_2$ km. Bei größeren Wassertiefen wäre die erzwungene Gezeit direkt, bei kleineren Wassertiefen indirekt.

Nehmen wir einen Weltozean von 10 km Tiefe und zerteilen wir ihn in schmale Kanäle längs der Breitenkreise und trennen wir diese Kanäle durch Scheidewände, so daß die Kanäle ohne

Verbindung untereinander nebeneinander liegen, so würden in den äquatornahen Kanälen die Gezeiten indirekt, in den polnahen Gebieten aber direkt sein und in irgend einer Breite dazwischen würde sich der Resonanzfall mit großen Gezeitenhöhen einstellen. Nimmt man nun die Scheidewände weg, dann werden sich die Wasserstandsunterschiede, die sich diesseits und jenseits dieser Scheidewände ausbilden, durch Ströme von Süden nach Norden bzw. umgekehrt auszugleichen suchen und das schließliche Bild der Gezeiten wird sehr verworren. *Laplace* hat dieses Gezeitenbild rein theoretisch für ein Meer konstanter Wassertiefe abgeleitet und gezeigt, daß in den Äquatorialgebieten eines solchen Meeres die Gezeiten stets indirekte, in den Polargebieten hingegen direkte sind, daß aber in einer gewissen mittleren Breite die vertikale Gezeit (aber nicht die Gezeitenströme) verschwinden.

Wir hatten angenommen, daß der Mond stets am Äquator im Zenith steht. Aber er wandert, wie wir wissen, auf die nördliche oder südliche Hemisphäre, er hat dann eine nördliche oder südliche Deklination. In diesem Fall sind die Flutkräfte nicht mehr symmetrisch zum Erdäquator (siehe Abb. 20, rechts) und die Betrachtung der Wellenbewegung in zonalen Kanälen wird wesentlich komplizierter. Die tägliche Ungleichheit, die sich nun einstellt, wird sich wieder anders gestalten, je nachdem, ob die Wassertiefe im Kanal größer oder kleiner ist als die Resonanztiefe. Wir wollen uns hier nicht weiter mit diesen Sachen beschäftigen. Man erkennt, daß die dynamische Theorie äußerst verwickelt ist. Es ist den Mathematikern gelungen, die *theoretischen Gezeiten* eines die ganze Erde bedeckenden Weltmeeres oder auch solcher Meere, die durch Meridiane und Breitenkreise begrenzt sind, genau zu berechnen. Diese schwierigen Lösungen haben keine große Bedeutungen für das Verständnis der irdischen Meeresgezeiten erlangt. Aber sie haben dazu verholfen, das Problem der Gezeiten in seiner ganzen Größe zu erfassen und festzustellen, welche Faktoren zu berücksichtigen sind, will man die tatsächlichen Gezeiten der Meeresbecken verstehen. Die dynamische Theorie der Gezeiten hat aber eine bedeutende Konsequenz gehabt, die eine außerordentliche praktische Bedeutung besitzt. Sie gibt die Grundlagen für die Vorausberechnung des Gezeitenablaufes für jeden beliebigen Küstenort.

4. Die harmonische Analyse der Gezeiten und ihre Vorhersage

Es ist früher (Seite 27) bemerkt worden, daß die fluterzeugenden Kräfte des Mondes bzw. der Sonne infolge der ständig sich ändernden Stellung dieser Gestirne am Himmel, infolge ihrer sich ständig ändernden Entfernung von der Erde, infolge ihrer elliptischen Bahn um den gemeinsamen Schwerpunkt der Systeme fortwährenden Änderungen unterworfen ist, die periodischer Natur sind; d. h. sie wiederholen sich in bestimmten Zeitabständen in

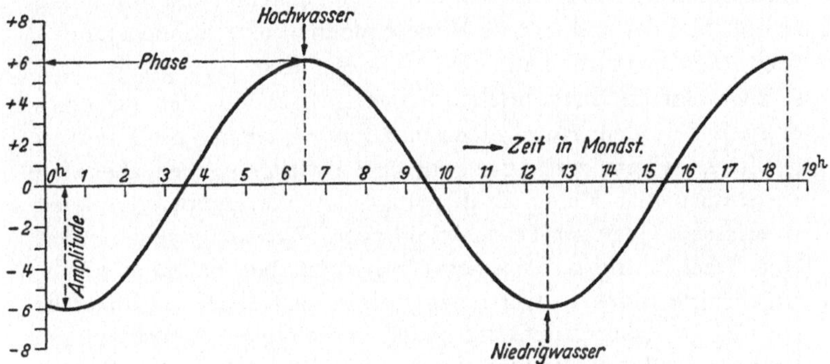

Abb. 28. Einfach harmonische Schwingung der Hauptmondtide M_2.

1. Eintrittszeit des Höchstwertes (Hochwasser): $6^1/_2$ Mondzeit $\Big\}$ Periode M_2
   Eintrittszeit des nächstfolgenden Hochwassers: $18^1/_2$ Mondzeit — Welle $= 12$ Mondst.

2. Höchstwert in relativen Einheiten: $+6$ $\Big\}$ Schwingungsweite: 12 Einheiten;
   Niedrigstwert in relativen Einheiten: -6 — Amplitude der Welle: 6 Einheiten.

3. Eintrittszeit des Hochwassers: $6^1/_2$ Mondzeit $=$ Phase der Welle bezogen auf den Ausgangspunkt der Zeitzählung der Mondzeit 0^h.

gesetzmäßiger Form. Die Mathematik kann eine solche fortlaufende Reihe von Änderungen in bündiger Form als eine Summe von *einfachen harmonischen Schwingungen* darstellen, so daß diese Summe stets in jedem Moment der tatsächlichen fluterzeugenden Kraft entspricht. Eine solche einfach harmonische Schwingung ist vollständig festgelegt, wenn gegeben sind:

41

1. Ihre Periode, d. i. die Zeitdauer bis zur Wiederkehr gleicher Zustände, also die Zeit, die vom Höchstwert bis zum nächstfolgenden verstreicht;

2. ihre *Amplitude*, d. i. die halbe Schwingungsweite vom Höchst- bis zum Niedrigstwert und

3. ihre *Phase*, d. i. die Eintrittszeit des Höchstwertes.

Abb. 28 erläutert diese Begriffe am Beispiel des Hauptteils der Flutkraft des Mondes: Der Hauptmondtide M_2. Ihre Periode ist 12 Mondstunden = 12.42 Sonnenstunden. Im vorliegenden Fall der Abbildung beträgt ihre Amplitude 6 Einheiten und ihre Phase ist $6^1/_2$ Mondzeit, d. h. $6^1/_2$ Mondstunden = 6.73 Sonnenstunden nach Meridiandurchgang des Mondes. Erst eine große Zahl solcher einfach harmonischer Schwingungen mit den verschiedensten Perioden, Amplituden und Phasen vermag die Flutkraft des Mondes bzw. der Sonne ganz genau wiederzugeben, aber eine verhältnismäßig kleine Zahl genügt, um die Hauptänderungen zu erfassen. Jede der Teilschwingungen, *Partialtiden* genannt, hat eine Bezeichnung durch einen Großbuchstaben bekommen; der angehängte Index 1, 2, 4 besagt, ob es sich dabei um ungefähr ganztägige oder halbtägige oder vierteltägige Schwankungen handelt. Außer diesen gibt es eine Reihe langperiodischer Partialtiden, von denen aber nur der 14tägigen Mondtide einige Bedeutung zukommt. Folgende kleine Tabelle enthält für eine

Tabelle 1. *Die wichtigsten Komponenten der fluterzeugenden Kraft (Partialtiden).*

Bezeichnung	Symbol	Periode in Sonnenstunden	Amplitude (M_r = 100)
Halbtägige Tiden:			
Hauptmondtide	M_2	12.42	100.0
Hauptsonnentide	S_2	12.00	46.6
Elliptische Mondtide . .	N_2	12.66	19.1
Luni-solare Halbtagstide .	K_2	11.97	12.7
Eintagstiden:			
Luni-solare Eintagstide .	K_1	23.93	58.4
Hauptmondtide	O_1	25.82	41.5
Hauptsonnentide	P_1	24.07	19.3
Langperiodische Tiden:			
14tägige Mondtide . . .	M_f	327.86	17.2

Anzahl der Hauptpartialtiden ihre Perioden (in Sonnenstunden) und ihre Amplituden bezogen auf die Amplitude der Hauptmondtide M_2, die gleich 100 gesetzt ist.

Die dynamische Theorie der Gezeiten verlangt und zeigt, daß jede einzelne Teilschwingung der fluterzeugenden Kraft in den Ozeanen der Erde eine Flutwelle erzeugt, die die Periode der Partialtide hat. Die Summe aller dieser Flutwellen, erregt durch die Partialtiden der Flutkraft, muß die tatsächlichen Gezeiten der Meere ergeben. Wie diese Gezeiten aussehen, läßt sich einerseits infolge der völlig unregelmäßigen Umrandung der Meere und ihrer ganz unregelmäßigen Tiefenverhältnisse, andererseits wegen der Einwirkung der ablenkenden Kraft der Erdrotation und Reibung nicht einfach berechnen, aber die Tatsache bleibt bestehen, daß an jedem Ort der Meere, also auch an jedem Küstenort die dort beobachtbare Gezeit aus Teilschwingungen — ebenfalls Partialtiden genannt — bestehen muß, deren Periode durch die Partialschwingungen der fluterzeugenden Kraft fest gegeben sind. Die M_2-Schwingung der Flutkraft erzeugt eine M_2-Tide mit der Periode von 12.42 Stunden, die S_2-Schwingung eine S_2-Tide mit der Periode von 12.00 Stunden usw. Aber *nur* die Perioden dieser Partialtiden sind aus der dynamischen Theorie bekannt, nicht aber die anderen zwei Bestimmungsstücke der Partialtiden: ihre Amplitude (Hubhöhe) und Phase (Eintrittszeit). Es ist aber die Möglichkeit gegeben, aus den *Gezeitenbeobachtungen* eines jeden Küstenortes, die für einen längeren Zeitraum gewonnen wurden, für jede Partialtide *die für diesen Küstenort gültigen Amplituden und Phasen* aller Partialtiden abzuleiten. Dieses Verfahren wird *harmonische Analyse* der Gezeiten genannt. Es ist festzuhalten, daß die Periodenlängen der einzelnen Partialtiden durch die Theorie gegeben, ihre Amplituden und Phasen aber aus den Beobachtungen abzuleiten sind. Für jede Partialtide sind dann alle Bestimmungsstücke: Periode, Amplitude und Phase bekannt, aber letztere Werte, die man die *Gezeitenkonstanten* nennt, gelten *nur* für den Ort, aus dessen Beobachtungen sie berechnet wurden.

Die erhaltenen Werte für die Amplitude und Phase jeder Partialtide gelten aber nicht allein für den Zeitraum, aus dem sie mittels der Gezeitenbeobachtungen bestimmt wurden; im Gegenteil, sie gelten ganz allgemein, da die Gezeiten seit undenklicher Zeit immer in derselben Weise ablaufen und auch in Zukunft ablaufen werden. Sie sind deshalb charakteristische Größen für diesen Küstenort. Nichts hindert, sie in der für die kommenden Stellungen von Mond und Sonne zur Erde gegebenen Art wieder zusammenzusetzen, und man erhält dadurch eine *Vorhersage der Gezeit* für einen beliebigen Tag eines beliebigen Jahres. Je mehr Partialtiden dazu benützt werden — eine Arbeit, die umfangreiche Rechnungen erfordert —, um so genauer ist die Vorhersage. Im allgemeinen genügt bei einfachen Gezeitenverhältnissen die Berücksichtigung der acht Partialtiden der Tabelle auf S. 42. In dieser Vorhersage der Gezeit liegt die große praktische Bedeutung der harmonischen Analyse. Ihr liegen die *Gezeitentafeln* zugrunde, die immer für ein bestimmtes Jahr für eine größere Anzahl europäischer und außereuropäischer Häfen die Eintrittszeit von Hoch- und Niedrigwasser sowie den zu erwartenden Wasserstand im Hafen für jeden Tag direkt angeben oder ohne große Rechenarbeiten zu ermitteln gestatten. So kann jeder Schiffskapitän beim Ansteuern eines Hafens den Gezeitentafeln entnehmen, welche Wasserverhältnisse er dort zu einer bestimmten Zeit vorfinden wird. Wie groß die Übereinstimmung zwischen dem berechneten, also vorausgesagten Verlauf der Gezeit und dem tatsächlich eingetretenen ist, möge die Abb. 29 veranschaulichen. Sie gibt die Lage und den Verlauf der einzelnen Partialtiden für den 6. Januar 1909 für den ehemaligen österreichischen Kriegshafen von Pola (Istrien, Adria) wieder. Die Überlagerung der 7 Partialtiden gibt die vorausgesagte Gezeit in der dicken ausgezogenen Kurve; die gestrichelte Kurve ist der später vom Gezeitenpegel tatsächlich aufgezeichnete Verlauf. Die Übereinstimmung ist in diesem Fall eine vollständige. Aber nicht immer ist es so, da der Pegel nicht allein die durch die Gezeit verursachten Wasserstandsänderungen angibt, sondern auch alle Störungen durch Windstau und Luftdruck. Gerade bei Sturmfluten ist der letztere Effekt gelegentlich sehr groß und dann sind die Abweichungen schon viel größer. Abb. 30 gibt ein Beispiel dafür. In Abb. 30a sind zunächst die beobachteten Wasserstände eingetragen. Neben den deutlichen halbtägigen Gezeiten lassen sie manche unregelmäßige Schwankungen (Störungen) erkennen. In Abb. 30b (darunter) stehen die aus der harmonischen Analyse gegebenen Partialtiden; die Halbtagstiden M_2 und S_2 liefern, wie man sieht, den Hauptteil an der Gezeitenschwankung. Alle anderen sind viel schwächer entwickelt. Abb. 30c gibt die Summe aller dieser Partialtiden und zeigt im wesentlichen Halbtagstiden mit täglicher und halbmonatlicher Ungleichheit, was sich in der Form von *Schwebungen* äußert. Die Differenz der beobachteten und

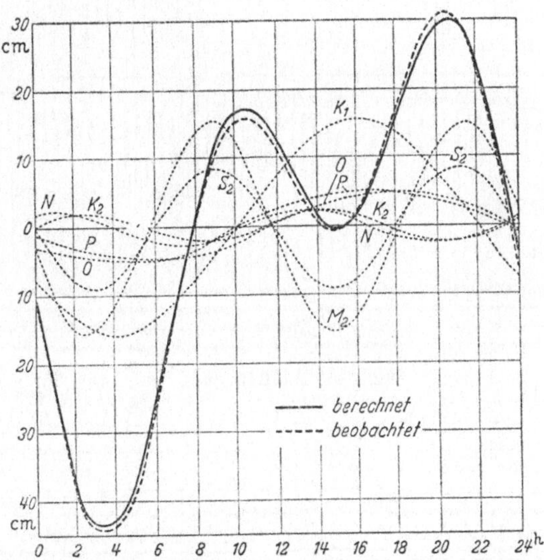

Abb. 29. Vergleich zwischen dem theoretisch berechneten und tatsächlich beobachteten Verlauf der Gezeit am 6. Januar 1909 im Hafen von Pola. Die dünnen Kurven geben die 7 Hauptpartialtiden in der für diesen Tag gültigen Lage zueinander. Die dick ausgezogene Kurve ist die zu erwartende Gezeit = die Summen der Partialtiden; die dick gestrichelte Kurve ist die beobachtete Gezeit.

berechneten Wasserstände (Abb. 30a weniger Abb. 30c) ergibt als Rest 30d ohne erkennbare Periode: Das ist die Wirkung des Windes und des Luftdruckes auf den Wasserstand.

Die harmonische Analyse einer längeren Beobachtungsreihe ist eine langwierige, mühsame und kostspielige Arbeit. Ebenso erfordert die neuerliche Zusammensetzung aller Partialtiden zur Berechnung der zukünftigen Gezeiten für die Aufstellung der Gezeitentafeln viel Arbeit. Man muß bedenken, daß diese

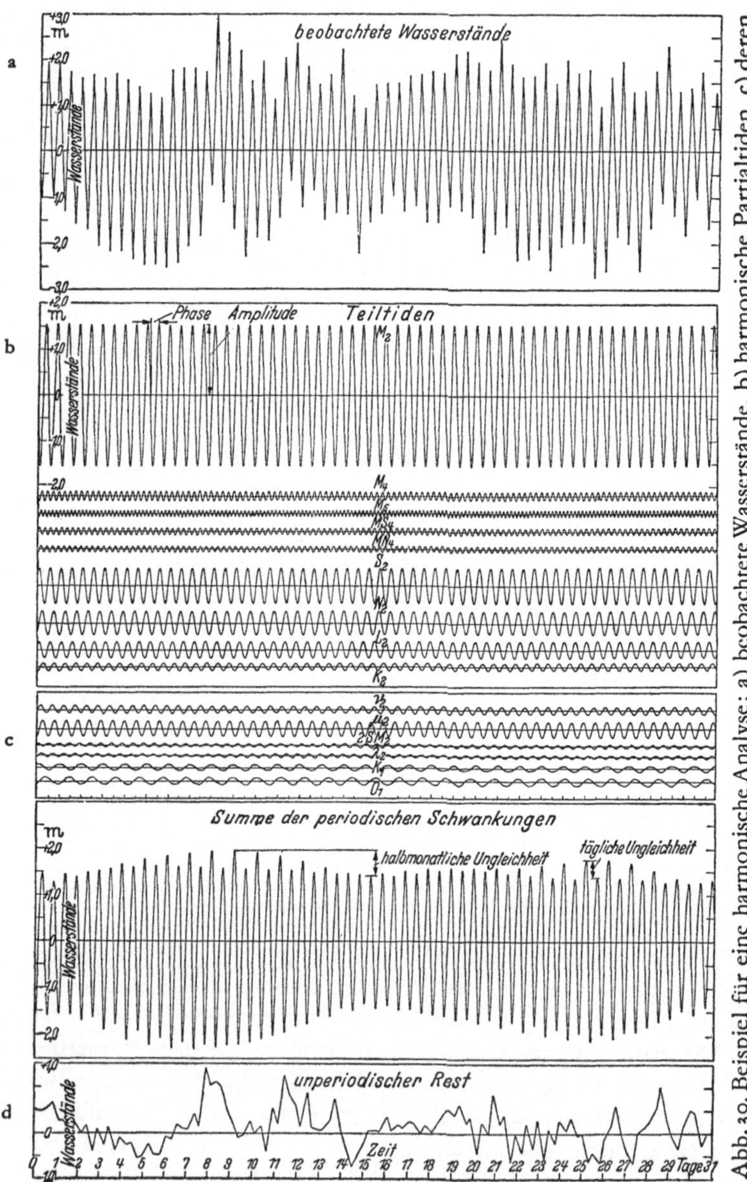

Abb. 30. Beispiel für eine harmonische Analyse: a) beobachtete Wasserstände, b) harmonische Partialtiden, c) deren Summe, d) unperiodischer Rest als Wirkung von Windstau und Luftdruck. (Nach *E. Schultze*).

46

Berechnungen für mehrere 100 Küstenorte Jahr für Jahr neu durchgeführt werden müssen. Deshalb hat man schon frühzeitig versucht, diese Arbeit durch Maschinen fehlerfrei ausführen zu lassen. Das Prinzip der Gezeitenrechenmaschine sei im folgenden kurz dargelegt.

Bewegt sich ein Punkt A (Abb. 31) mit gleichbleibender Geschwindigkeit auf dem Umfang eines Kreises derart, daß ein Umlauf in der Zeit T erfolgt, so beschreiben die Fußpunkte B und C auf den rechtwinkligen Achsen OX und OY eine einfach harmonische Schwingung mit der Periode T (siehe Abb. 28). Befindet sich der Punkt A in A_1, geht der Punkt B gerade durch die Ruhelage; wenn er in A_2 ist, hat der Punkt B die Höchstlage der Schwingung erreicht; wenn er in A_3 ist, geht B absinkend wieder durch die Ruhelage und erreicht, wenn A in A_4 ist, den Niedrigstwert usw. Jeder Umlauf gibt eine einfach harmonische Schwingung (Sinus- oder Cosinus-Welle).

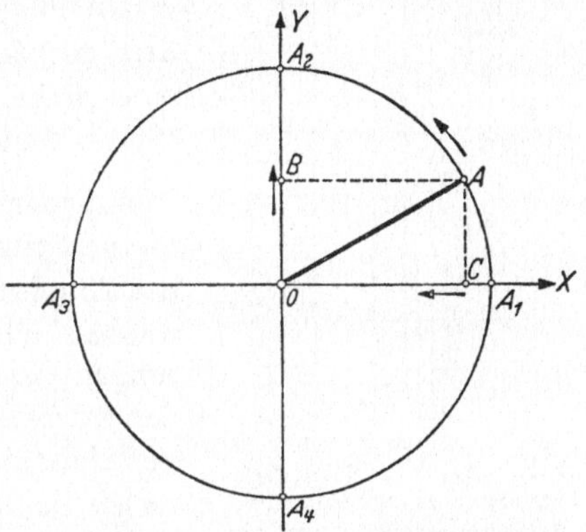

Abb. 31. Entstehung einer harmonischen Schwingung. Umlauf eines Punktes A auf einen Kreis A_1, A_2, A_3, A_4. Die Fußpunkte B und C auf den Achsen OX und OY vollführen harmonische Schwingungsbewegungen (Sinuslinien).

Die Amplitude der Schwingung ist durch $OA_2 =$ den Halbmesser des Kreises gegeben; ihre Phase hängt davon ab, zu welchem Zeitpunkt der Umlauf des Punktes A beginnt.

Es läßt sich nun eine Maschine konstruieren, die solche einfach harmonische Schwingungen aufzeichnet, indem man dafür sorgt, daß ein Zeichenstift sich genau so auf- und abbewegt wie der Punkt B in Abb. 31. Dies kann folgendermaßen erreicht werden. Der Radius OA des Kreises in Abb. 31 wird durch einen Kurbelarm ersetzt (Abb. 32), der in Kn in einem Schlitz endigt und ein nur in senkrechter Richtung bewegliches Kreuzstück hebt und senkt. Ein jeder Punkt des Kreuzstückes, so auch der oberste

Punkt B, beschreibt bei einer einmaligen Umdrehung der Kurbel eine Sinus-Schwingung.‘ In B befindet sich eine Rolle R; um sie läuft ein in P befestigter Faden FF, der auf der anderen Seite von P in S einen Schreibstift trägt. Hebt und senkt sich durch die Kurbelumdrehung das Kreuzstück um ein bestimmtes Stück, so bewegt sich der Schreibstift S um den doppelten Betrag auf und ab[1] und schreibt auf einem mit gleichförmiger Geschwindigkeit vorbeigeführten Papierstreifen pp eine einfach harmonische Schwingung (Sinus-Welle).

Will man nun mehrere solche harmonische Schwingungen von verschiedener Amplitude und Periode haben, so müssen wir mehrere solche Vorrichtungen der Abb. 32 haben, bei denen der Kurbelarm je nach der Amplitude verschieden lang ist und mit verschiedenen, den Perioden der Schwingungen entsprechenden Umdrehungszeiten bewegt wird. Aber man will die Addition, d. h. die Überlagerung aller dieser den Partialtiden entsprechenden harmonischen Schwingungen in der schließlichen Registrierung haben; denn erst diese Überlagerung gibt ja die Gezeit, die aus den Partialtiden zusammengesetzt ist. Auch dies läßt sich maschinell bewerkstelligen. In Abb. 33 sei R_1 eine von den Vorrichtungen nach Art der Abb. 32; ihre Periode sei 12 Stunden 25 Minuten, entspreche also der

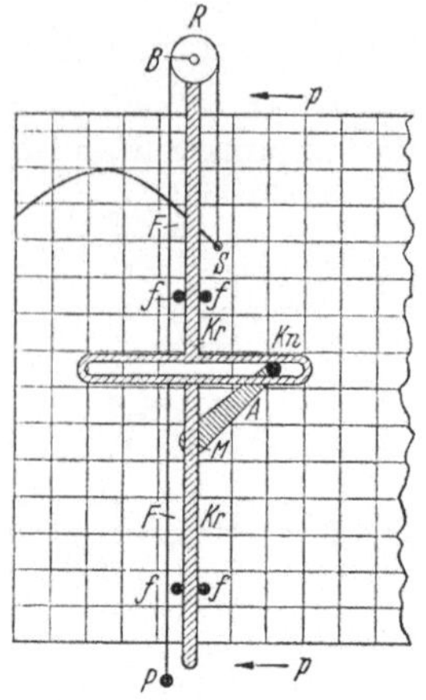

Abb. 32. Maschine zum Erzeugen einer Sinuslinie: A Kurbelarm, um M mit gleichförmiger Geschwindigkeit drehbar; der Knopf Kn des Armes greift in den Schlitz des Kreuzstückes Kr und bewegt dieses zwischen den vier Führungsstiften f auf und ab. Vom festen Punkte P ist der Faden FF über die um B drehbare Rolle R des Kreuzstückes Kr geführt und trägt am anderen Ende den Schreibstift S. Er zeichnet auf einen in der Pfeilrichtung bewegten Papierstreifen eine Sinuskurve auf.

---

[1] Der doppelte Betrag ergibt sich daraus, daß bei Hebung des Kreuzstückes um, sagen wir, 1 cm, diese Hebung links und rechts der Rolle erfolgt und bei gegebener Länge des Fadens PS die Änderung in der Lage von S dadurch 2 cm wird. Dabei rollt 1 cm Faden von links nach rechts über die Rolle.

Hauptmondtide M_2. In P ist der über die Rolle laufende Faden befestigt, der Schreibstift S würde bei jeder Umdrehung der Kurbel von R_1 eine Sinuswelle aufzeichnen. Dies würde auch der Fall sein, wenn der Faden über zwei weitere feste Rollen R_2 und R_3 führen würde. Lassen wir nun die R_2 fest sein und setzen in R_3 wieder eine Vorrichtung der Art der Abb. 32, jedoch mit der Periode 12 Stunden (Partialtide S_2), dann zeichnet der Schreibstift S eine aus beiden harmonischen Schwingungen zusammengesetzte Welle auf. Im vorliegenden Fall würde es die Überlagerung der M_2 und S_2-Tide sein, würde also eine Gezeitenkurve mit halbmonatlicher Ungleichheit ergeben. Nichts hindert aber eine beliebige Anzahl solcher Vorrichtungen hintereinander einzuschalten, jede mit der der Partialtide,

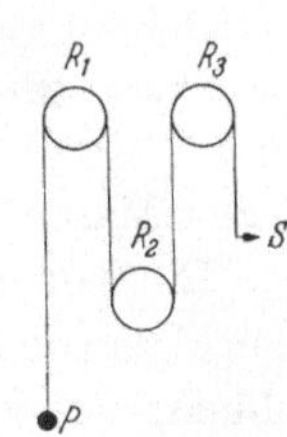

Abb. 33. Wirkungsweise einer Gezeitenrechenmaschine. R_2 feste, R_1 und R_3 auf- und abgehende Rollen, P festes Ende der Schnur, S Schreibstift.

Abb. 34. Die große Gezeitenrechenmaschine des Deutschen Hydrographischen Instituts, Hamburg. (Photo: D.H.I.).

die sie geben soll, entsprechenden Amplitude und Periode. Da es solche Partialtiden viele gibt, wird die Maschine ziemlich groß sein und sehr komplizierte Zahnradübertragungen aufweisen, um allen Periodenverhältnissen genügen zu können. Die Kurbeln müssen dabei sowohl der Länge als auch der Anfangsstellung nach genau verstellbar sein, um die verschiedenen Werte der Amplitude und der Phase bei den einzelnen Küstenorten wiedergeben zu können.

Die erste Maschine dieser Art wurde von *Lord Kelvin* 1872 ersonnen. Eine deutsche Maschine wurde 1919 konstruiert und diente zur Anfertigung der deutschen Gezeitentafeln. Sie hatte die Möglichkeit, 20 Partialtiden zu berücksichtigen und die Zusammenfassung dieser Tiden eines Hafens für ein Jahr und die Tabulierung der Werte in 10 bis 15 Arbeitsstunden zu bewerkstelligen — eine enorme Ersparnis an Zeit und Geld. Die neueste deutsche Gezeitenrechenmaschine am Deutschen Hydrographischen Institut in Hamburg berücksichtigt 62 Partialtiden; aber im allgemeinen sind nicht alle erforderlich, um gute Gezeitenvorhersagen zu erhalten. Abb. 34 zeigt diese komplizierte Maschine von ihrer Vorderseite, sie ist ein Wunder der Technik und Präzision und entspricht allen nur erdenklichen Forderungen, die an sie gestellt werden.

5. Zur Charakteristik der Meeresgezeiten

Die harmonischen Gezeitenkonstanten eines Küstenortes, d. s. die Amplituden und Phasen der Partialtiden, lassen sogleich beurteilen, wie der Verlauf der Gezeit an diesem Ort aussieht. Die Phase der M_2-Tide gibt im Falle gut entwickelter Gezeiten angenähert die Eintrittszeit des Hochwassers nach dem Meridiandurchgang des Mondes am Ort **an**, einen Wert, den man als „Hafenzeit" bezeichnet (siehe S. 4).

Da die M_2-Welle um 50 Minuten hinter der S_2-Tide zurückbleibt, werden beide Wellen an einem bestimmten Tage gleiche Phase haben, und die Amplituden $M_2 + S_2$ addieren sich; es ist Springzeit. 14.765 Tage später wiederholt sich der Vorgang. Dazwischen wird es sich einmal ereignen, daß sich die Amplituden entgegenwirken, $M_2 - S_2$ und es ist Nippzeit. Die Amplitude der S_2-Tide bestimmt so die „halbmonatliche Ungleichheit". Die

Phasendifferenz $S_2 - M_2$ kann benützt werden, um das „Alter der Gezeit", d. i. die Verspätung der Springzeit gegenüber Voll- und Neumond, zu ermitteln.

Die Phase der K_1-Tide bestimmt zusammen mit der Phase der O_1-Tide in der Hauptsache die Eintrittszeit des Hochwassers, wenn eintägige Gezeiten vorliegen. Diese Zeit hat keinen Zusammenhang mit dem Meridiandurchgang des Mondes wie bei der M_2-Tide. Sie gibt ohne Berücksichtigung der O_1-Tide angenähert die Zeit (in Ortszeit) des Eintritts des Hochwassers am 21. Juni an; für jeden folgenden Tag verfrüht es sich um 4 Minuten. Ähnlich wie sich die S_2-Tide zur M_2-Tide verhält, steht bei den eintägigen Gezeiten die O_1-Tide zur K_1-Tide. Sie verstärkt und schwächt periodisch den Tidenhub und erzeugt Spring- und Nippzeiten der eintägigen Gezeiten, die im Intervall von 13.66 Tagen aufeinanderfolgen.

Die tägliche Ungleichheit, die eine Folge der Überlagerung der halb- und eintägigen Gezeiten ist, ist um so größer, je größer das Verhältnis der Amplitudensumme der eintägigen Tiden $K_1 + O_1$ zur Amplitudensumme der halbtägigen Tiden $M_2 + S_2$ ist. Diese Verhältniszahl, die *Formzahl der Gezeiten* genannt wird, $F = \dfrac{K_1 + O_1}{M_2 + S_2}$ gibt somit eine Vorstellung von der Form der Gezeitenkurve während eines Tages. Für sie gilt folgende Einteilung:

$F = 0.0 - 0.25$: *Halbtägige Gezeitenform.* Täglich treten zwei Hoch- und zwei Niedrigwasser von annähernd gleicher Höhe auf. Die Hochwasserzeit folgt in nahezu gleichbleibendem Abstand dem Meridiandurchgang des Mondes. Der mittlere Springtidenhub ist $2\,(M_2 + S_2)$

$F\ 0.25 - 1.50$: *Gemischte, überwiegend halbtägige Gezeitenform.* Täglich treten zwei Hoch- und zwei Niedrigwasser auf, jedoch mit starken Ungleichheiten in Höhe und Zeit; diese erreichen ihr Maximum, wenn die Monddeklination ihre größten Werte erreicht hat. Der mittlere Springtidenhub ist $2\,(M_2 + S_2)$.

$F = 1.5 - 3.0$: *Gemischte, überwiegend eintägige Gezeitenform.* Zeitweise tritt nur ein Hochwasser am Tage auf und zwar nach den größten Werten der Monddeklination. Sonst gibt es zwei Hochwasser mit starken Ungleichheiten in Höhe und Zeit. Mittlerer Springtidenhub $2\,(K_1 + O_1)$.

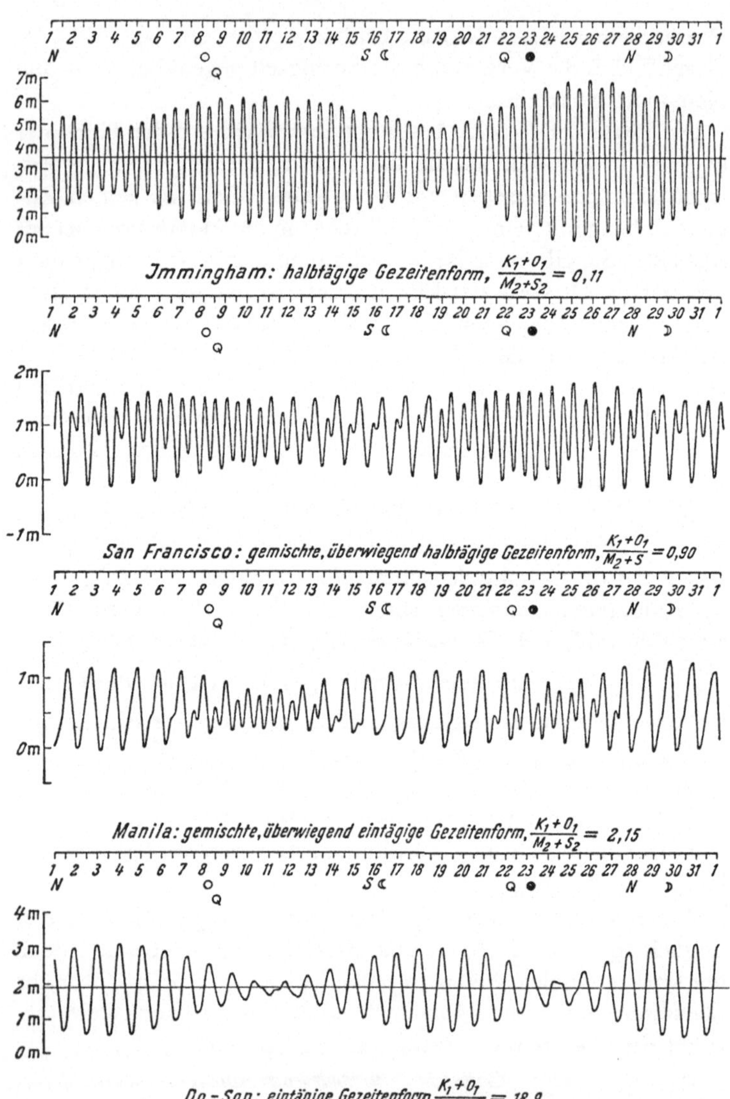

Abb. 35. Gezeitenkurven für den Monat März 1936. (Nach den Deutschen Gezeitentafeln für das Jahr 1940, Bd. II, Berlin 1939). ○, ☽, ●, ☾: Mondphasen; N: größte nördliche, S: größte südliche Deklination des Mondes; Q: Äquatordurchgang des Mondes.

$F = $ größer als 3.0: *Eintägige Gezeitenform.* Täglich tritt nur ein Hochwasser auf. Zur Nippzeit (beim Durchgang des Mondes durch die Äquatorebene) können sich auch zwei Hochwasser einstellen. Mittlerer Springtidenhub $2 (K_1 + O_1)$.

In Abb. 35 sind die Gezeitenkurven von 4 Häfen für den Monat März 1936 wiedergegeben, die typische Gezeiten bei den 4 verschiedenen Formzahlen zeigen. Immingham (an der englischen Küste) hat halbtägige Gezeitenform mit $F = 0.11$; das ist die Form, die überwiegend alle europäischen Häfen zeigen. San Franzisco hat gemischte, aber überwiegend halbtägige Gezeiten mit $F = 0.90$. Manila hat hingegen gemischte, aber überwiegend eintägige Gezeiten mit $F = 2.15$. Do-Son (im Golf von Tonking, Indochina) hat mit $F = 18.9$ typische eintägige Gezeitenform.

Zur Verdeutlichung aller Einzelheiten gibt folgende Tabelle für die wichtigsten Partialtiden die harmonischen Konstanten dieser 4 Häfen: Die Amplituden in Zentimeter, die Phasen bezogen auf den Ortsmeridian. In welchem Umfang die 4 Haupttiden M_2, S_2, K_1 und O_1 die Gezeiten in diesen Beispielen beherrschen, kann man daraus ermessen, daß in allen 4 Häfen die Amplitudensummen dieser Tiden rund 70% der Gesamtamplitude ausmachen. Man erkennt, daß durch diese 4 Haupttiden in der Hauptsache das äußere Bild der Gezeiten in den Ozeanen erfaßt wird.

Tabelle 2. *Harmonische Gezeitenkonstanten der 4 Häfen in der Abb. 35.*

Tide	Periode	Theoretische Amplitude	Immingham (England)		San Franzisco (Californien)		Manila (Philippinen)		Do-Son (Indochina)	
	Std.	$M_2 = 100$	Phase	Amplitude cm	Phase	Amplitude cm	Phase	Amplitude cm	Phase	Amplitude cm
M_2	12.42	100.0	161°	223	330°	54	305°	20	113°	4
S_2	12.00	46.6	210°	73	334°	12	338°	7	140°	3
N_2	12.66	19.1	141°	45	303°	12	291°	4	100°	1
K_2	11.97	12.7	212°	18	328°	4	325°	2	140°	1
K_1	23.93	58.4	279°	15	106°	37	320°	30	91°	72
O_1	25.83	41.5	120°	16	89°	23	279°	28	35°	70
P_1	24.07	19.3	257°	6	104°	12	317°	9	91°	24

V. Gezeiten in natürlichen Gewässern

1. Stehende Schwingungen in geschlossenen Becken; Seiches

Wir haben früher einen Wasserkanal bestimmter Tiefe betrachtet, der die ganze Erde am Äquator oder in einer anderen Breite umfaßt, und hatten gesehen, daß die horizontale Komponente der fluterzeugenden Kraft in ihm fortschreitende Wellen erzeugt, deren Periode gleich war jener der erzeugenden Kraft. Ihre Amplitude und Phase hing aber auch von der Wassertiefe des Kanals ab. Ist nun ein solcher Kanal zweiseitig geschlossen, haben wir es z. B. mit einem schmalen langgestreckten Wasserbecken zu tun, das eine bestimmte Länge l und eine bestimmte Wassertiefe h (rechteckiger Querschnitt) hat, dann wird auch in ihm die fluterzeugende Kraft in der Kanalrichtung periodische horizontale Wasserbewegungen hervorrufen. An den geschlossenen Kanalenden wird es aber abwechselnd zu Wasserstauungen kommen, die dort eine Hebung, am anderen Kanalende eine Senkung des Wasserspiegels erzwingen. Es entwickelt sich im Wasserbecken eine Schaukelbewegung des Wassers um eine Querachse in der Mitte des Kanals, wo es keine Hebung oder Senkung des Wasserspiegels gibt (siehe Abb. 36, oben). Man nennt eine solche Linie, an der also keine vertikalen Wasserverschiebungen vorhanden sind und das Wasser nur in horizontaler Richtung hin- und herfließt, eine *Knotenlinie* und den ganzen Schaukelvorgang im Wasserbecken eine *stehende Welle* oder *stehende Schwingung*. Es sind auch stehende Schwingungen mit 2, 3 und mehr Knotenlinien in einem Becken, entsprechend den Obertönen einer schwingenden Orgelpfeife möglich, und Abb. 36 unten zeigt die Form der Wasseroberfläche z. B. bei der zweiknotigen Schwingung in dem Augenblick der größten Ausweichung des Wasserspiegels an den Kanalenden. Während bei der einknotigen Welle mit Hochwasser

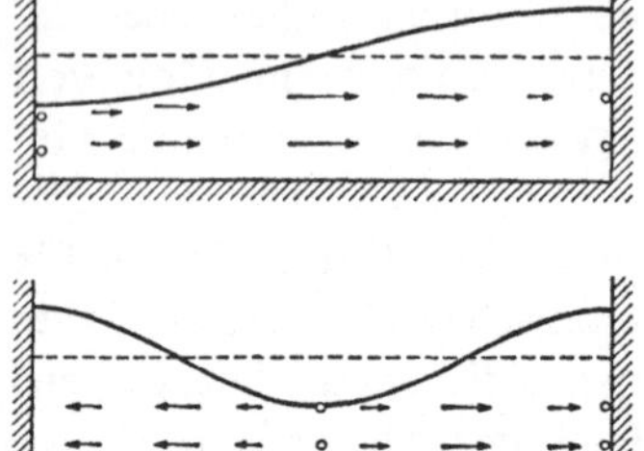

Abb. 36. Ein- und zweiknotige stehende Schwingung (Seiche) in einem rechteckigen Wasserbecken.

an einem Kanalende stets Niedrigwasser am anderen Ende verbunden ist, findet bei der zweiknotigen Welle Hochwasser an beiden Kanalenden zugleich statt, während zu dieser Zeit Niedrigwasser im mittleren Kanalteil vorhanden ist.

Eine fluterzeugende Kraft bestimmter Periode ruft in einem solchen langgestreckten Wasserbecken stets eine Schaukelbewegung des Wassers, also eine stehende Schwingung dieser Periode hervor, die Amplitude dieser stehenden Welle, d. i. die Schwingungsweite an den Kanalenden, und ihre Phase, d. i. die Eintrittszeit des Hochwassers, hängen aber auch in diesem Falle von der Länge und Tiefe des Wasserbeckens ab. Man kann eine stehende Welle in einem solchen abgeschlossenen Wasserbecken auch derart erregen, daß man z. B. für einen Moment das Wasserbecken neigt und es dann sofort in die Normallage zurückführt. Wir stören dann das Gleichgewicht des Wassers im Becken durch einen *einmaligen kurzen Impuls*. Die aus dem Gleichgewicht gebrachten Wassermassen schwingen dann in Form einer Schaukelbewegung (stehenden Welle) um ihre Gleichgewichtslage hin und her, wobei bei einer einknotigen Schwingung eine Seite des Beckens stets Hochwasser hat, während *zugleich* die andere Niedrigwasser aufweist und umgekehrt. Die größten Ausweichungen von der Gleichgewichtslage (Hochwasserhöhe) finden stets an den Kanalenden statt und werden kleiner mit Annäherung an die Knotenlinie, wo sie Null sind. Die Periode dieser Schaukelbewegung des Wassers (durch einmaligen Impuls erregt) *hängt nur von den Größenverhältnissen* des Wasserbeckens ab, also von seiner Länge und Wassertiefe und ist eine dem Wasserbecken charakteristische Größe, die als *Eigenperiode des Beckens* bezeichnet wird. Solche Eigenschwingungen werden in natürlichen Wasserbecken, (z. B. in Seen, Meeresbuchten u. ä.) z. B. durch einen Erdbebenstoß hervorgerufen, oder sie entstehen, wenn ein durch Wind erzeugter Wasserstau an einem Ende des Beckens nach Aufhören des Windeinflusses sich wieder ausgleicht, wobei die Wassermassen in Schwingungen um die Gleichgewichtslage allmählich abklingend sich in die horizontale Ruhelage einstellen. Die Periode dieser Schwingungen (Schaukelbewegungen) ist die Eigenperiode des Wasserbeckens. Bei einem Becken von l Meter Länge und rechteckigen Querschnitt der Wassertiefe von h Meter ist die Eigenperiode in Sekunden durch $T = \dfrac{2\,l}{\sqrt{gb}}$ gegeben, wobei g die Schwerebeschleunigung $= 9{,}81$ ist (siehe Tabelle S. 58).

Wirkt nun auf die Wassermassen eines langgestreckten Beckens eine periodische horizontale Kraft, wie es die einzelnen Partialkräfte der fluterzeugenden Kraft sind (z. B. die Kraft der M_2-Tide mit der Periode von 12.42 Stunden), so geraten diese Wassermassen auch in Schaukelbewegung; sie vollbringen stehende Schwingungen; aber die Periode dieser stehenden Wellen ist stets die Periode der erregenden Kraft, nicht die der Eigenschwingung. Ihre Amplitude und Phase hängt aber von der Eigenperiode des Beckens ab, und zwar gelten folgende Regeln:

1. Ist die Eigenperiode sehr viel kleiner als die Periode der erregenden Kraft, so ist genügend Zeit vorhanden, daß der Wasserspiegel sich der einwirkenden Kraft entsprechend verschiebt. Es ist stets annähernd Gleichgewicht zwischen der Flutkraft und der durch die Neigung des Wasserspiegels bedingten Druckkraft vorhanden. Bei kleiner Eigenperiode spielt so die Trägheit des bewegten Wassers keine Rolle und die Wasserniveauänderung im Becken, seine Gezeiten, entsprechen in jedem Augenblick den fluterzeugenden Kräften; es sind Gleichgewichtsgezeiten.

2. Wenn die Eigenperiode sehr viel länger ist als die der Flutkräfte, so sind die Gezeiten klein und „umgekehrt", d. h. Hochwasser tritt ein, wenn die Flutkraft Niedrigwasser zu erzeugen versucht und umgekehrt.

3. Wenn die Eigenperiode der Gezeitenperiode nahe kommt, so schaukeln sich die erregten Schwingungen auf, die Gezeiten werden um so größer, je weniger sich beide Perioden in ihrer Dauer unterscheiden. Es tritt der Fall der *Resonanz* ein.

Man erkennt aus diesen Sätzen, daß man ein tieferes Verständnis der Gezeitenerscheinungen der einzelnen Meeresbecken nur gewinnen kann, wenn man die Periode ihrer Eigenschwingungen kennt.

Durch mannigfache Ursachen geraten die Wassermassen eines Sees — d. i. eine in sich geschlossene Wassermasse — in Schaukelbewegungen und für die meisten Seen ist das selbsttätige Auf- und Niederschwingen des Wasserspiegels keine seltene Erscheinung. Nur sind diese Schwankungen des Wasserspiegels im allgemeinen recht klein, so daß man sie nur instrumentell durch Aufzeichnung mit genau registrierenden Pegelmessern (Limnimeter) nachweisen kann. Gelegentlich sind sie aber groß genug, um jedermann aufzufallen, wie etwa im Genfer See, wo am westlichen Ende die Wasserschwankungen bis zu $1\,{}^1/_2$ m erreichen können. Sie werden dort von der Bevölkerung „*Seiches*" genannt und dieses Wort benützt man jetzt allgemein auch zur Bezeichnung aller ähnlichen Schwingungen, die an allen Seen vorkommen können. *F. A. Forel* hat durch eingehende Untersuchungen am Genfer See, die von vielen Uferorten aus vorgenommen wurden, den Nachweis erbracht, daß diese Seiches nichts anderes als stehende Eigenschwingungen der ganzen Wassermasse des Sees sind. Dabei stellt sich am häufigsten die einknotige Schwingung ein, gelegentlich ist aber gleichzeitig auch die zwei- oder dreiknotige Welle vorhanden, wodurch in den Registrierungen die Seespiegelschwankungen sehr verworren ausfallen können. Die Ursache dieser Seespiegelschwankungen sind rasche Luftdruckschwankungen, Böen u. dgl., die einen größeren Teil der Seefläche gleichzeitig treffen und den sonst ebenen Wasserspiegel des Sees stören. Nach Beendigung der Störung kehrt der Wasserspiegel zur Ruhelage wieder zurück, pendelt aber um diese in Eigenschwingungen herum, die allmählich durch Reibung erlöschen. So hat *Forel* am Genfer See gelegentlich eine Folge von fast 150 Schwingungen beobachtet, die mit ihrer Periodendauer von 74 Minuten über die Zeit einer Woche anhielten.

Die Seiches sind Eigenschwingungen der Wassermasse des Sees, ihre Periode hängt nur von den Dimensionen der schwingenden Wassermassen, also von der Länge und Tiefe des Sees ab. Hat der See eine einigermaßen regelmäßige langgestreckte Gestalt, dann gibt die frühere Formel (Seite 56) einen recht guten Wert der Periodenlänge der einknotigen Seiches. Die Perioden der 2-, 3- usw. knotigen Seiches sind dann angenähert $^1/_2$, $^1/_3$ usw. so lange wie die Periode der einknotigen Welle. Man kann leicht verstehen, daß, wenn die Konfiguration des Seebeckens nicht regelmäßig ist und die Abweichungen von einem einfachen rechteckigen schmalen Becken groß sind, die einfache Formel nicht richtige Werte für die Periode der Seiches ergeben kann. Es sind aber von mehreren Forschern (z. B. *Chrystal*, *Honda* und Mitarbeiter,

Defant, Proudman, Hidaka u. a.) Methoden angegeben worden, die auch für sehr unregelmäßig gestaltete Seen die Periode aller Seiches, allerdings zumeist durch recht langwierige Rechnungen, sehr genau zu berechnen gestatten. Die Übereinstimmung der theoretischen Perioden mit den beobachteten ist verblüffend gut, so daß die Theorie die Beobachtungen sehr gut wiedergibt. Dabei kann man nicht nur die Periodenlängen, sondern auch die Lage der Knotenlinien für jede Schwingungsart sowie auch die horizontalen Wasserströmungen, die mit den Seiches verknüpft sind, bestimmen. Folgende Tabelle gibt für einige Seen einen Vergleich zwischen den beobachteten und berechneten Periodendauern der Seiches und man erkennt, wie gut die Übereinstimmung der Werte ist.

Die vielleicht sorgfältigste und eingehendste Untersuchung der Seiches eines großen Sees hat *Bergsten* für den Vetter-See in

Tabelle 3. *Vergleich zwischen beobachteten und berechneten Periodendauern von Seiches einiger Seen (in Minuten).*

See	Periodendauer der Seiche		
	einknotige	zweiknotige	dreiknotige
Loch Earn (Schottland)	beob. 14.5	8.1	6.0
	berechn. 14.5	8.1	5.7
Gardasee (Italien) . . .	beob. 42.9	28.6	21.8
	berechn. 42.8	28.0	20.1
Genfer See (Schweiz) . .	beob. 74.0	35.5	—
	berechn. 74.4	35.1	28.0
Vetter-See (Schweden). .	beob. 179.0	97.5	80.7
	berechn. 177.9	96.0	79.2

Schweden gegeben. Seine schmale gleichförmige Form und seine große Länge von 124 km machte ihn für die Untersuchungen seiner Seespiegelschwankungen besonders geeignet. Abb. 37 gibt als Beispiel solche gleichzeitige Seiches an beiden Enden des Sees. Es handelt sich um einknotige Seiches und man sieht deutlich, wie die Wasserspiegelschwankungen an einem Seende stets spiegelbildlich jener am anderen Ende verlaufen.

Wir haben schon früher erwähnt, das in den Schwingungsknoten einer stehenden Welle die größten waagerechten Wasserbewegungen vorhanden sind, während sie in den Schwingungsbäuchen bei den größten vertikalen Verschiebungen des Wasserspiegels verschwinden. In dem Augenblick, in dem z. B. in A (Abb. 38a) „Hochwasser" und in C „Niedrigwasser" herrscht (das sind die Schwingungsbäuche der stehenden Welle), ist im ganzen Becken keine horizontale Bewegung vorhanden (kein Strom). Aber gleich darauf, wenn in A das Wasser sinkt, in C steigt, muß das Wasser sich nach rechts in Bewegung setzen, am

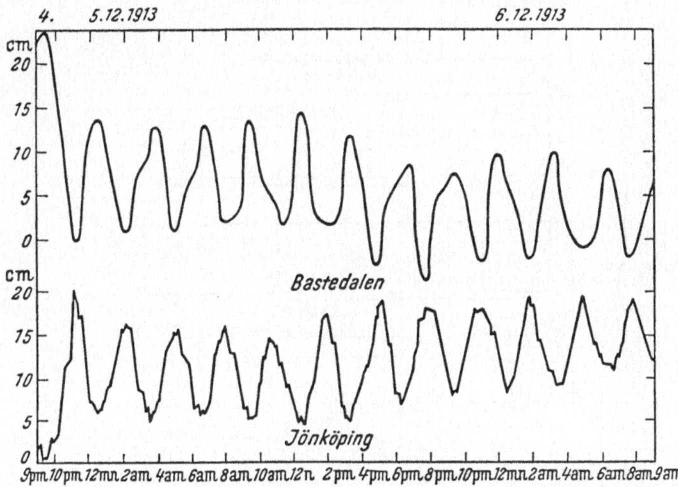

Abb. 37. Gleichzeitige Registrierungen der einknotigen Seiche im Vetter-See (Schweden) in Bastedalen (N-Ende des Sees) und in Jönköping (S-Ende); 4. Dezember 1913, 9 pm bis 6. Dezember 1913.

stärksten im Schwingungsknoten B; denn hier ist auch das Wassergefälle am stärksten (Abb. 38b). Die Stromgeschwindigkeit nach rechts nimmt weiter zu und erreicht die größten Werte nach rechts, wenn der Wasserspiegel horizontal liegt (Abb. 38c). Nun hält der Strom nach rechts infolge der Trägheit des Wassers noch eine Zeit lang an, aber er wird schwächer, weil sich ein Wassergefälle ausbildet, das entgegenwirkt. Das Wasser strömt jetzt sozusagen bergauf, muß also allmählich erlahmen (Abb. 38d), und wenn der Wasserspiegel den Höchstwert in C erreicht hat, tritt wieder Stromstille ein (Abb. 38e). Von da wiederholt sich das ganze Spiel von rechts nach links. Bei solchen stehenden Schwingungen findet man stets:

1. An den Schwingungsbäuchen nur senkrechte, an den Knoten nur waagerechte Wasserbewegungen;

2. Um die Zeit des Hoch- und Niedrigwassers gibt es keinen Strom (der Strom kentert), während z. Z. des Durchganges des Wasserspiegels durch die Ruhelage der stärkste Strom auftritt.

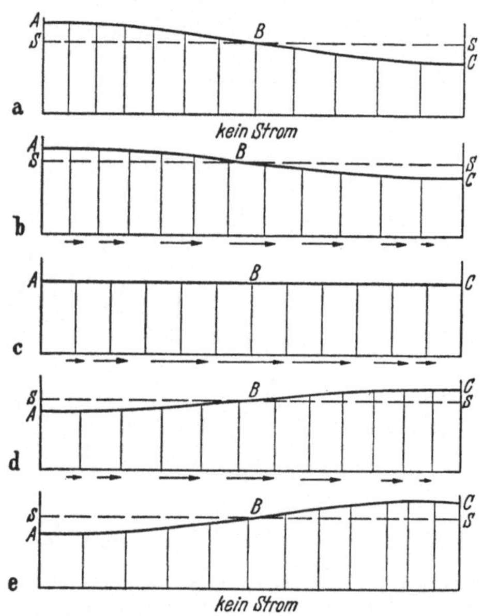

Abb. 38. Stehende Schwingung in 5 aufeinander in ¹/₈ Periode folgenden Zeitpunkten: Schwankung der Wasseroberfläche und gleichzeitige horizontale Wasserverschiebungen dargestellt durch die Bewegung senkrechter Wasserfäden; der Wasserinhalt zwischen zwei der senkrechten Wasserfäden ist immer derselbe. Die Pfeile geben die Stromrichtung, ihre Längen die Stärke der Strömungen.

2. Gezeiten in kleineren Meeresbecken, Meeresbuchten und Kanälen

Durch die horizontale Komponente der fluterzeugenden Kräfte werden die allseits abgeschlossenen Wassermassen, wie es die Seen oder die kleineren Meeresbecken mit nur kleiner Verbindung mit dem großen Ozean sind, in Schaukelbewegungen versetzt. Die Form der Gezeiten in ihnen ist dann die der stehenden Wellen. Ihre Periode ist die Periode der fluterzeugenden Kraft und jede

Partialkomponente derselben ruft eine stehende Welle im Wasserbecken hervor, die die Periode dieser Komponente hat; so erzeugt z. B. die M_2-Komponente eine stehende Welle mit einer Periode von 12.42 Stunden. Die Phase dieser Wellen und ihre Amplitude hängen aber nach den Sätzen 1 bis 3 auf Seite 56 von der Eigenperiode der betrachteten Wassermasse ab, also von den Längen- und Tiefenverhältnissen des Wasserbeckens. So hat jeder See, jedes kleinere Meeresbecken seine eigenen Gezeiten; bei ihrer Ausbildung spielt aber nun ein *geographisches Moment* hinein, nämlich ihre Konfiguration und die Tiefengestaltung. Es ist leicht einzusehen, daß, je kleiner das Meeresgebiet ist, desto mehr die Unterschiede der Gezeitenkraft von Ort zu Ort zurücktreten; die ganze Wassermasse solcher kleiner Becken ist dann in großer Annäherung fast der *gleichen* horizontalen Gezeitenkraft ausgesetzt, die sie zu Schaukelbewegungen in Form stehender Wellen anregt. Die Gezeitenkraft ändert nun von Augenblick zu Augenblick ihre Stärke und Richtung, und wir haben in Abb. 21 für die verschiedenen geographischen Breiten und für die Hauptmondtide M_2 dies durch Kraftvektoren zum Ausdruck gebracht. Um 12 Uhr Mondzeit strebt alles Wasser nach Süden, um 3 Uhr nach Westen usw. Das Hochwasser sucht also ein Wasserbecken rechts herum zu umkreisen. Haben wir es aber mit einem schmalen und in der West-Ost-Richtung ausgestreckten Kanal zu tun, dann wird die Gezeitenkraft quer zur Rinne nicht viel Wasser zur Bildung von Hochwasser zu sammeln vermögen und nur die Gezeitenkraftkomponente längs der Rinne, also die in der West-Ost-Richtung wirkende, wird merkliche Hoch- und Niedrigwasser an den beiden Enden der Rinne hervorrufen. Die sich ausbildende stehende Welle wird etwa in der Mitte der Rinne eine Knotenlinie haben. Die eine Seite der Rinne hat dann entsprechend der Schaukelbewegung dieselbe Phase, d. h. gleichzeitig tritt überall auf dieser Seite Hoch- bzw. Niedrigwasser auf. Die andere Seite hat hingegen eine Phase, die um die halbe Periodendauer größer ist, da sie Hochwasser hat, wenn auf der anderen Seite Niedrigwasser herrscht. Die Größe der Phase hängt aber (S. 41) von der Eigenperiode des Wasserbeckens ab. Im Falle der M_2-Tide (Abb. 21) wird so ein Wasserbecken mit kleiner Eigenperiode (geringe Längserstreckung oder große Tiefe) am Ostende Hochwasser um

Tabelle 4. *Gezeiten in einigen Seen und kleineren Meeresbecken.*

See, bzw. Meeresbecken	Länge km	Ort	Springtiden-hub cm	Eigenperiode	Quelle
Genfer See	61	Sécheron (Westende)	0.2	74 Min.	*Endrös*
Platten-See	77	Ost- und Westende	5—6.5	9.4—10 Std.	*Endrös*
Erie-See	378	Amherstburg (Westende)	8.0	14.3 Std.	*Endrös*
Michigan-See	550	Chicago (Südende)	7.3	6.0 Std.	*Lenz, F. Defant*
Oberer See	650	Duluth (Westende)	5.9	—	*Schureman*
Baikal-See	665	Petschannaja	8.2	—	*Sterneck*
Adria	820	Venedig (Nordende)	37.5	21.4 Std.	*Sterneck — A. Defant*
Schwarzes Meer	1191	Poti (Ostende)	8.2	5.1 Std.	*A. Defant*
Ostsee	1475	Marienleuchte (Westende)	4.0	27.3 Std.	*Witting*
östliches Mittelmeer	2392	Alexandria (Ostende)	11.3	8.5 Std.	*Sterneck*
westliches Mittelmeer	2020	Neapel (Ostende)	15.0	6.0 Std.	*Sterneck*

9 Uhr Mondzeit, am Westende um 3 Uhr haben; die Gezeiten sind direkt. Ist hingegen die Eigenperiode des Beckens lang gegenüber jener der Gezeitenkraft, dann sind die Gezeiten umgekehrt. Bei der M_2-Tide wird dann das Ostende Hochwasser um 3 Uhr, das Westende um 9 Uhr haben. Wäre zufällig die Eigenperiode gleich der Periode der Gezeitenkraft, dann erfolgt Resonanz und die Gezeiten würden sich in einem solchen Becken zu einer imposanten Erscheinung steigern. Aber im allgemeinen sind diese Gezeiten abgeschlossener Wasserbecken wegen der kleineren Dimensionen derselben recht klein und lassen sich nur durch besondere Untersuchungen nachweisen.

Das kleinste natürliche Wasserbecken, von dem bisher Gezeiten wirklich nachgewiesen wurden, ist der Chiemsee in Bayern (14 km lang in der W-O-Erstreckung); am Ostufer (in Chieming) hat *Endrös* Hubhöhen von 1 mm feststellen können. Für andere Seen und kleinere Meeresbecken gibt nebenstehende Tabelle 4 einige Werte.

Im allgemeinen können die Neben- und Randmeere, wie z. B. das Europäische Mittelmeer, die Adria, die Nord- und Ostsee u. a., als nicht völlig von den Ozeanmassen abgetrennt angesehen werden. Mehr oder minder größere Meeresstraßen verbinden sie mit dem Ozean davor, oder an einer Seite stehen sie in breiter Verbindung mit dem freien Meer. Wie verhalten sich nun solche mehr oder minder abgeschlossene Wassermassen zur direkten Einwirkung der Gezeitenkräfte und wie wirken sich in ihnen die Gezeiten aus, die *im freien Ozean vor ihrer Mündung* vorhanden sind? Es ist aus dem Vorgehenden klar, daß die Form der Gezeitenschwingungen in diesen gegenüber den Ozeanen kleinen Wassermassen wieder in erster Linie von der Tiefe und Länge der Becken abhängen wird, die wesentliche Art der Gezeiten also durch ihre orographische Konfiguration festgelegt wird. Das einfachste Nebenmeer, das man sich denken kann, ist ein *Kanal rechteckigen Querschnitts und überall gleicher Tiefe*, der am einen Ende geschlossen ist, am anderen Ende aber mit einem Ozean, in dem bestimmte Gezeiten vorhanden sind, in Verbindung steht.

In einem solchen Nebenmeer können sich zwei Gattungen von Gezeiten ausbilden. Durch die Gezeitenimpulse, die die Wassermassen des Kanals an der Mündung in den freien Ozean von diesem empfangen, gerät die Kanalwassermasse in Schwingungen. Das sind die *Mitschwingungsgezeiten*; denn ihre Ursache liegt im Mitschwingen der Wassermassen des Kanals mit der äußeren Gezeit. Diese Mitschwingungsgezeiten werden groß und mächtig ausfallen, wenn die Wassermassen des Kanals zum Rhythmus der Gezeit richtig „abgestimmt" sind. Je besser die vom freien Ozean kommenden Gezeitenimpulse an der Mündung rhythmisch zum ganzen Schwingungssystem des Kanals passen, um so größer sind die im Kanal erregten Mitschwingungsgezeiten. Am stärksten entwickelt sind sie, wenn der schon früher besprochene Resonanzfall vorhanden ist.

Die Gezeitenkräfte von Sonne und Mond vermögen aber auch in direkter Weise Schwingungen der Wassermassen des Kanals hervorzurufen. Das sind die *selbständigen Gezeiten*. Auch ihre Ausbildung hängt davon ab, ob der Rhythmus der Gezeitenkraft zum Schwingungssystem des Kanals paßt. Andere Gezeiten als Mitschwingungs- und selbständige Gezeiten können sich in einem einseitig offenen Kanal nicht ausbilden. Die äußere Form dieser Gezeiten ist in schmalen Nebenmeeren die der *stehenden*

Wellen mit Knotenlinien und Schwingungsbäuchen an bestimmten Stellen; insbesondere ist immer am geschlossenen, innersten Ende ein Schwingungsbauch zu finden. Fortschreitende Wellen können sich in einem einseitig offenen Kanal nicht ausbilden. Denn eine in den Kanal eindringende fortschreitende Welle wird am inneren geschlossenen Ende zurückgeworfen, reflektiert und läuft den Kanal wieder heraus. Einlaufende und rücklaufende Wellen über-lagern sich und dies ergibt eine stehende Welle. Welche äußere Form die Mitschwingungszeiten und die selbständigen Gezeiten in Kanälen *verschiedener Länge*, aber konstanter Tiefe haben, möge die Abb. 39 zeigen. Sie zeigt den Wasserstand in einem Längsschnitt des Kanals im Augenblick des Hochwassers bzw. Niedrigwassers am inneren Ende des Kanals. Je länger der Kanal ist, desto mehr Knotenlinien treten auf, desto komplizierter sind sowohl die selbständigen wie die Mitschwingungsgezeiten. Aber beide Gezeitenarten sind durchweg nicht gleichartig ausgebildet. Schon ein Blick auf die Abbildung zeigt dies. Sowohl die Lage der Knotenlinien als auch die Eintrittszeit (Phase) des Hochwassers sind für beide Wellen verschieden. Die wirklichen Gezeiten sind die *Überlagerung* dieser beiden Wellen, und man sieht, wie kompliziert dann die Gezeiten schon in einem solchen einfachen Kanal werden können. Abb. 40 gibt die Form der selbständigen und der Mitschwingungsgezeiten in einem Kanal *gleicher Länge, aber verschiedener Tiefe.* Wenn die oberste Verteilung für eine Tiefe von 111 m gilt, gilt die zweite für eine Tiefe von 21 m, die dritte für eine Tiefe von 6 m usw.

In Wirklichkeit sind die Neben- und Randmeere keineswegs so einfach gebaut, wie bisher bei den schmalen Kanälen angenommen

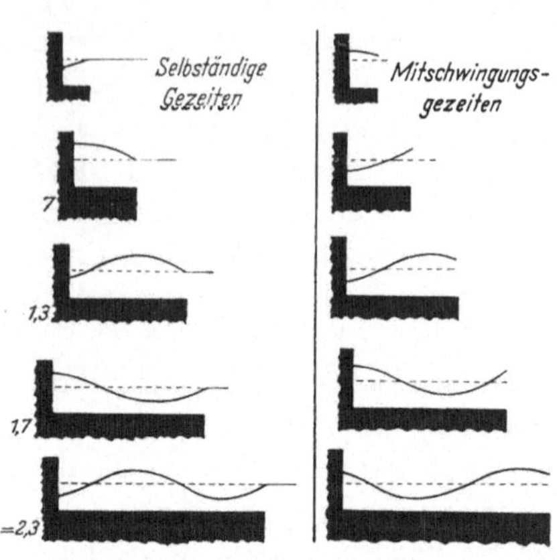

Abb. 39. Selbständige Gezeiten und Mitschwingungsgezeiten in Kanälen verschiedener Länge und konstanter Tiefe.

wurde; sie gleichen nur in ganz grober Weise solchen langgestreckten Kanälen. Aber es haben sich Methoden ersinnen lassen, die Mitschwingungsgezeiten wie auch die selbständigen Gezeiten für die komplizierten Tiefenverhältnisse und Küstenumrisse eines Nebenmeeres mit großer Genauigkeit abzuleiten. So ist die Möglichkeit gegeben, die Gezeiten einer ganzen Reihe von Nebenmeeren (z. B. Europäisches und Amerikanisches Mittelmeer, Rotes Meer, Adria, Nord- und Ostsee, Englischer und Irischer Kanal u. a). in ihrer *geographischen* Ausbildung zu analysieren und ihr Bild dem Verständnis näher zu bringen.

3. Die Einwirkung der Erdrotation und der Reibung

Wir haben bisher nur schmale, langgestreckte Kanäle betrachtet, in denen nur die Gezeitenkraftkomponente in der Längsrichtung des Kanals von Einfluß ist, während die Wirkung der Komponente in der Querrichtung des Kanals zurücktritt und vernachlässigt werden kann. Nun haben die Neben- und Randmeere in der Natur oft eine solche Breite, daß sie nicht ignoriert werden kann. Dann wird auch die Querkomponente der Gezeitenkraft von Wirkung sein, und wie schon auf Seite 61 bemerkt wurde, wird dann das Hochwasser rechts herum das Wasserbecken umkreisen. Es entsteht eine *Drehtide*. Auf diese Erscheinung wird später (Seite 66) noch zurückgekommen.

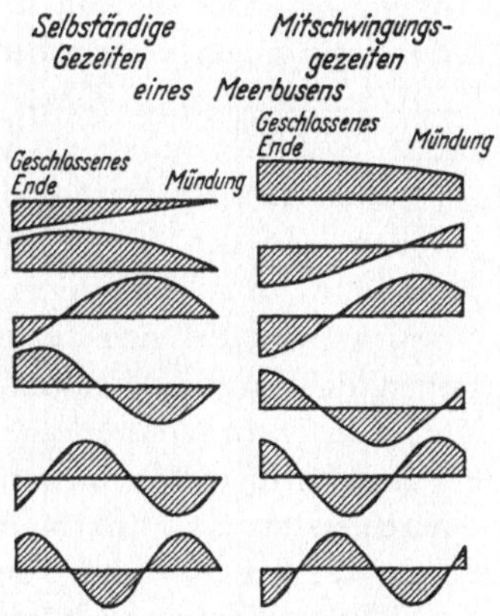

Abb. 40. Form der selbständigen und Mitschwingungs-Gezeit in Kanälen gleicher Länge, aber verschiedener Tiefe.

Aber bei einigermaßen breiten Meeresbecken tritt noch eine weitere Komplikation hinzu, die recht stark in das Gezeitenbild einzugreifen vermag. Auf der rotierenden Erde ist eine Kraft vorhanden, die alle auftretenden Bewegungen beeinflußt, in welcher Richtung sie auch vor sich gehen mögen. In den Gezeitenwellen sind mächtige Transporte von Wassermassen (Gezeitenströme) vorhanden und deshalb wird diese Kraft sich auch bei den

Gezeiten bemerkbar machen; es ist die *ablenkende Kraft der Erd-rotation* (Corioliskraft). Auf der Nordhemisphäre bedingt sie eine Ablenkung jeder Bewegungsrichtung nach rechts, auf der Süd-hemisphäre nach links. Die Kraft ist am Pol am stärksten und nimmt mit abnehmender Breite ab, um am Äquator zu ver-schwinden. Sie ist außerdem um so stärker, je rascher die Be-wegung ist.

Wenn bei einer stehenden Welle das Wasser in der Längsrich-tung des Kanals verschoben wird, verhindert die ablenkende Kraft der Erdrotation diese geradlinige Verschiebung und treibt auf der Nordhemisphäre das Wasser auf die rechte Seite des Kanals; beim Rücktransport wird dann das Wasser auf die linke Seite ver-schoben. Zu der Längsschwingung, die zur Mitschwingungs-gezeit und zur selbständigen Gezeit gehört, kommt so noch eine *Querschwingung*, die sich der ersteren überlagert. Man kann ver-stehen, daß dann die Knotenlinie einer Längsschwingung in ihrer einfachen Form nicht erhalten bleiben kann. Sie löst sich auf in ein sternförmiges Herumwandern der Flut, entgegengesetzt dem Uhrzeigersinn, d. i. linksherum auf der Nordhemisphäre, rechts-herum auf der Südhemisphäre. Solche strahlenförmig angeord-nete Flutstundenlinien (das sind Linien, auf denen das Hochwasser gleichzeitig eintritt) nennt man *Amphidromien* oder *Drehtiden*.

Es ist vielleicht angezeigt, sich etwas genauer zu orientieren, wie bei solchen Drehtiden die *Wasseroberfläche* und das *Stromfeld* des Gezeitenstromes beschaffen sind. Wir wollen dies am ein-fachsten Fall eines quadratischen Beckens, dessen Küsten Nord—Süd und West—Ost verlaufen, erläutern. In ihm sei eine stehende Welle vorhanden, die vom Norden nach Süden schwingt und eine Knotenlinie in der West-Ost-Richtung in der Mitte der Querseite hat. Die Eintrittszeit des Hochwassers an der Nordküste sei VI Uhr (Abb. 41a). Ihr überlagere sich eine durch die ablenkende Kraft der Erdrotation bedingte Querschwingung, die also von Westen nach Osten schwingt. Die Eintrittszeit des Hochwassers an der Westküste ist dann IX Uhr; sie hinkt somit der Nord-Süd-Welle um 3 Stunden nach und hat ihren Höchstpunkt gerade er-reicht, wenn die Nord-Süd-Welle durch ihre Ruhelage (horizontale Wasseroberfläche) geht (Abb. 41d). Zu dieser Zeit 9 Uhr rühren alle Höhenunterschiede im Wasserniveau nur von der Westwelle her, während um 6 Uhr sie nur von der Nordwelle stammen. Die Überlagerung beider Wellen, wofür die Augenblicke VII und VIII Uhr (Abb. 41 b und c) zwei Beispiele geben, zeigt, daß es jetzt eine Knotenlinie nicht mehr gibt, da die Knotenlinie der Nordwelle vom Hub der Westwelle erfaßt wird und umgekehrt; frei von Änderungen des Wasserstandes ist nur der Schnittpunkt beider Knotenlinien; es gibt dann nur einen *Knotenpunkt*, um den sich die Gezeitenwelle dreht. Die auf der Knotenlinie der Westwelle liegenden Punkte werden nur von der Nordwelle gehoben und gesenkt. Die gestrichelte Linie der Abb. 41 a hat demnach um VI Uhr Hochwasser, nicht aber die Punkte westlich von ihr, da das Wasser durch die Westwelle hier noch steigen kann. Gleicherweise hat in Abb. 41 d die gestrichelte Linie Hochwasser um IX Uhr. Die Flutstundenlinien 7 und 8 Uhr (Abb. 41 b und c) liegen dazwischen. So entwickelt sich die Drehtide, und die Flutstundenlinien gehen strahlenförmig vom Knotenpunkt in der Mitte aus. Zeichnet man sich kartenmäßig das Bild der Flutstunden-

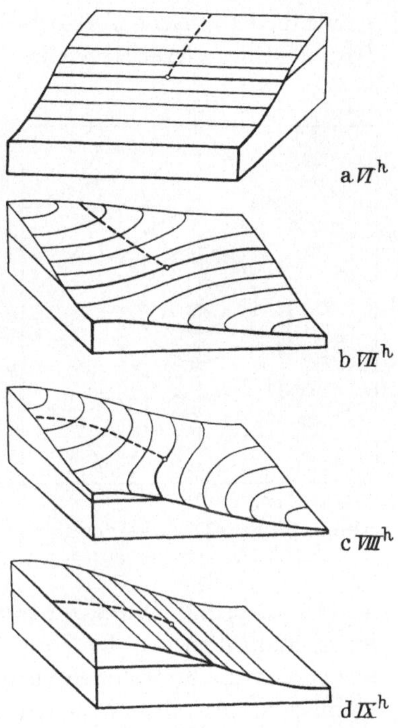

Abb. 41. Entwicklung einer Drehtide (Amphidromie) in einem quadratischen Becken von Stunde zu Stunde, in schräger Draufsicht, dargestellt durch Höhenlinien.

linien und die Verteilung der Hubhöhen, so erhält man die Abb. 42. Dabei ist der Hub jeder Teilschwingung gleich 100 gesetzt worden. In der Mitte des Nord- und Südufers, sowie in der Mitte des West- und Ostufers ist der Tiedenhub gleich 100, da hier in den entsprechenden Knotenlinien immer nur eine der Wellen sich auswirkt. Der

Tidenhub ist am größten in den Ecken, aber nicht einfach 200, da die Wellen gegeneinander um 3 Stunden verschoben werden; so erreicht der Hub an diesen Punkten nur 141. Flutstundenlinien und Linien gleichen Tidenhubs legen für dieses quadratische Becken das Bild der Gezeiten vollständig fest, da bei gegebener Amplitude und Phase der Ablauf der Gezeit für jeden Punkt bestimmt ist.

Wie die Oberflächenform des Wasserspiegels läßt sich auch das Stromfeld des Gezeitenstromes aus den Stromfeldern der Nord- und Westwelle durch Zusammensetzung der einzelnen Geschwindigkeiten nach dem Kräfteparallelogramm ermitteln. Um VI Uhr zur Zeit des Hochwassers der Nordwelle an der Nordküste, ist diese Welle innerlich stromlos (siehe Abb. 41a). Dafür geht die Westwelle gerade durch die Nullage (Abb. 41d) und zeigt die stärkste Bewegung von Ost nach West (Abb. 43a). 3 Stunden darauf, um IX Uhr, ist im ganzen Becken einheitlich Strom nach Süden vorhan-

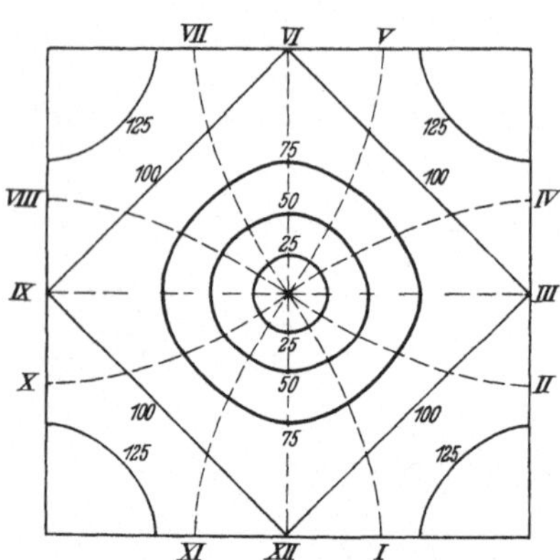

Abb. 42. Die zur Drehtide der Abb. 41 gehörige Gezeitenkarte.

den (Abb. 43d). Die Stromkarten dazwischen zeigen, wie der Strom allmählich von der West- in die Südrichtung umschwenkt, wobei sich die Stromlinien an den Rändern der Küstenform anschmiegen. An allen Punkten des Beckens dreht während der ganzen Gezeitenperiode der Strom einmal links herum; es ist ein *Drehstrom* vorhanden, die Stromfigur ist eine *Stromellipse* (Seite 15). Nur längs der Küstenränder werden diese Stromellipsen immer schmäler; hier ist der Gezeitenstrom alternierend.

Der hier behandelte Fall eines quadratischen Beckens ist ein sehr einfaches Beispiel, bei dem überdies die Amplituden bei den Teilwellen als gleich groß gewählt wurden. Aber dieser Fall genügt, um das Ergebnis auf natürliche Verhältnisse zu übertragen. Die durch die ablenkende Kraft der Erdrotation erzeugten Amphidromien sind auf der Nordhemisphäre stets linksdrehend, auf der Südhemisphäre rechtsdrehend. Aber es gibt auch anders herum drehende, und wir haben gesehen (Seite 25), daß solche, die durch die Nord-Süd- und Ost-West-Komponente der fluterzeugenden Kraft erzeugt werden, auf der Nordhemisphäre rechtsdrehend sind. Ist ferner das Becken ungleichförmiger Konfiguration, dann sind die beiden Teilwellen ungleicher Stärke, was im Falle der Erzeugung der einen Welle durch die ablenkende Kraft der Erdrotation stets der Fall ist. Dann werden die Flutstundenlinien und die Linien gleicher Hubhöhe nicht mehr so regelmäßig sein, wie in Abb. 42, aber stets werden die Flutstundenlinien in einen hubfreien Knotenpunkt einmünden und die Hublinien umgeben ihn in geschlossenen Kurven.

Es gibt noch einen Faktor, der die Gezeitenbewegung in Neben- und Randmeeren zu beeinflussen vermag. Es ist die *Reibung*, die die Wasserbewegungen bei nicht sehr großer Wassertiefe an den Unebenheiten des Bodens der Meeresbecken erleiden. Gegenüber der Wirkung der ablenkenden Kraft der Erdrotation ist der Reibungseinfluß von nicht so ausschlaggebender Bedeutung. Aber immerhin wirkt er sich sowohl in einer Herabsetzung des Tidenhubes wie auch in einer Verspätung der Eintrittszeit des Hochwassers aus. Die Reibung, die hier in Frage kommt, ist jene, die durch die *Turbulenz der Gezeitenströme*

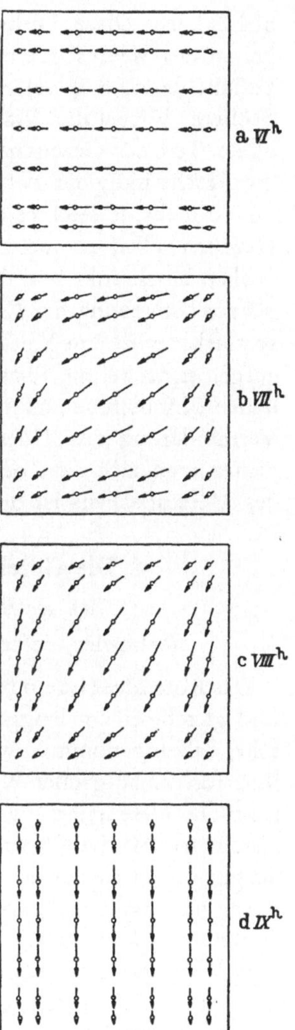

Abb. 43. Änderung des Stromes in der in Abb. 41 dargestellten Drehtide (Amphidromie) von Stunde zu Stunde.

bedingt ist. Diese Turbulenz der Ströme ist durch die Unebenheiten des Meeresbodens und der Küstenflächen erzwungen und besteht darin, daß die Strömung von einer Menge kleiner und größerer Wirbel und Walzen durchsetzt ist, in denen ein beachtlicher Teil der Gezeitenenergie aufgezehrt wird. Dadurch wird die Geschwindigkeit der Gezeitenströme herabgesetzt, und zwar um so mehr, je seichter das Meeresbecken ist. Bei den stehenden Gezeitenwellen in mehr oder minder abgeschlossenen Meeresbecken beschränkt sich der sichtbare Einfluß der Reibung auf die nähere Umgebung der Knotenlinien. Je größer die Reibung, um so stärker wird eine Knotenlinie in eine Art fortschreitender Welle aufgelöst, wobei die Phasenänderung an der Stelle der ursprünglichen Knotenlinie am auffälligsten ist. Gleichzeitig tritt eine Verminderung des Tidenhubes auf, die um so größer ist, je weiter man sich von der Mündung entfernt; am inneren Ende des Meeresbeckens ist die Amplitudenabnahme am größten.

4. Die Gezeiten einzelner Meeresteile

a) *Rotes Meer und Golf von Suez*
(schmaler, tiefer und schmaler, seichter Kanal)

Das Rote Meer ist ein Nebenmeer von besonders einfacher Form und gleicht einem langgestreckten, schmalen, geraden Kanal so sehr, daß angenommen werden kann, daß Querschwingungen in ihm von nicht großer Wirkung sein werden. Seine große Tiefe (mittlere Tiefe 476 m) wird auch Reibungseinflüsse zurücktreten lassen, so daß die Voraussetzungen der einfachen Theorie wohl als gut erfüllt anzusehen sind. Das Rote Meer steht am Südende durch die enge Straße von Bab el Mandeb (kleinster Querschnitt von nur 1.7 km² etwas nördlich der Insel Perim) mit dem Golf von Aden und dem Indischen Ozean in Verbindung. Im Norden läuft es in zwei verschiedenartige schmale Kanäle (der Golf von Suez und der Golf von Akaba) aus. Ersterer ist seicht (mittlere Tiefe 36 m), letzterer tief (mittlere Tiefe 650 m). Sie müssen sich gezeitenmäßig sehr ungleich verhalten. Wir betrachten zunächst das Rote Meer allein ohne die beiden kleinen Ausläufer im Norden, deren kleine Wassermassen keine große Bedeutung für die Gezeitenbewegung im tiefen Roten Meere haben werden. In ihm werden die Gezeiten nach den früheren Überlegungen (Seite 64) aus der Überlagerung der Mitschwingungsgezeiten mit den Gezeiten im Golf von Aden (Indischer Ozean) und der selbständigen Gezeiten, die durch die direkte Einwirkung der fluterzeugenden Kräfte auf die Wassermassen des Roten Meeres entstehen, bestehen. Beide lassen sich aus der Konfiguration des Beckens (d. i. aus seinen Tiefen-, Breiten- und Längenverhältnissen) mit großer Genauigkeit berechnen. Bei der Mitschwingungsgezeit muß an der Mündung in den freien Ozean, also in der Straße von Bab el Mandeb, Übereinstimmung mit den Gezeiten des freien Ozeans vorhanden sein. Der Eigenperiode des Roten Meeres entsprechend wird die Form der Mitschwingungsgezeiten etwa der vierten Art in Abb. 40 in der Reihe der „Mitschwingungsgezeiten" mit zwei Knoten, einem nahe der Mündung und einem in der inneren Hälfte des Kanals entsprechen. Bei der selbständigen Gezeit ist zu bedenken, daß an der Mündung des Beckens stets eine Knotenlinie liegen muß (siehe die Abb. 39 und 40); denn hier ist stets die Möglichkeit des freien Ein- und Ausströmens der Wassermassen gegeben, was die Ausbildung einer Knotenlinie begünstigt. Die Form dieser selbständigen Gezeiten wird jene der vierten Art der Abb. 40 in der Reihe der „selbständigen Gezeiten" sein: Ein Knotenpunkt an der Mündung, ein zweiter in der inneren Hälfte des Kanals. Die Abb. 44 gibt diese beiden Gezeitenanteile für die Hauptmondtide M_2. Man erkennt, daß die theoretisch erwarteten Gezeitenformen tatsächlich gegeben sind. Dabei ist aber die Mitschwingungsgezeit infolge des großen Gezeitenhubes an der Mündung etwa dreimal so stark wie die selbständige Gezeit. Man darf aber diese Gezeitenanteile zum Vergleich mit den tatsächlich auftretenden Tidenhüben nicht einfach zusammenzählen; denn die Eintrittszeit des Hochwassers der selbständigen Gezeit ist durch den Meridiandurchgang des Mondes (bzw. der Sonne) gegeben, jene der Mitschwingungsgezeit richtet sich nach der Hochwasserzeit an der Mündung. Die beiden Gezeitenanteile treffen nie im Augenblick ihrer stärksten Entfaltung zusammen, sie sind gegeneinander zeitlich verschoben, schwächen sich demnach teilweise ab. In der Abb. 44 sind diese Eintrittszeiten bezogen auf den Meridiandurchgang des Mondes in Greenwich und in Mondstunden bei allen Schwingungsästen beider

Wellen angegeben. Wie man sieht, zeigen sie einen Phasenunterschied von etwa 3 Stunden, der sich bei ihrer Zusammensetzung stark auswirkt. Die Kreuze in der Abbildung geben die an den verschiedenen Stellen beobachteten Amplituden und man erkennt, daß die Theorie die Beobachtungen in bester Weise wiederzugeben vermag.

Die Theorie vermag auch die seltsame Erscheinung zu erklären, daß im Roten Meer die im Golf von Aden noch sehr merklichen ganztägigen Gezeiten völlig zurücktreten. Dieses Becken

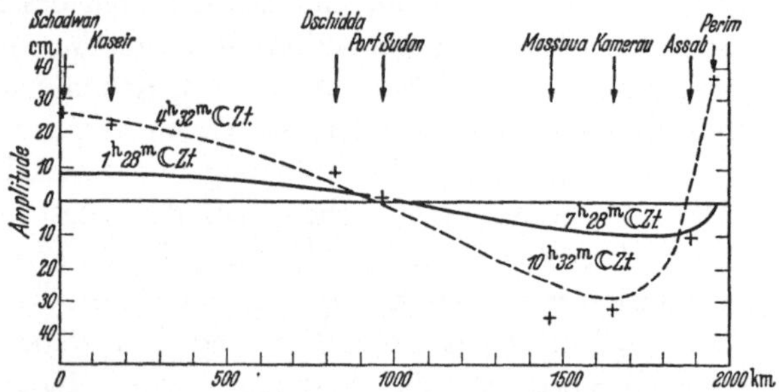

Abb. 44. Gezeiten des Roten Meeres zwischen der Meeresstraße bei Perim im Süden und dem Golf von Suez (Schwadan) im Norden. Die Kreuze geben die beobachteten Amplituden, die ausgezogene Kurve die selbständige Gezeit (hervorgerufen durch die direkte Einwirkung des Mondes), die gestrichelte die Mitschwingungsgezeit mit dem Indischen Ozean. Die Uhrzeiten geben die Phasen der einzelnen Teiläste der Schwingungen in Mondzeit (nach *Grace*).

ist nicht gut abgestimmt auf Wellen von etwa 24 Stunden Dauer, so daß die Amplitude der ganztägigen Tiden recht klein bleibt. Nur in der Gegend der Knotenlinien der Halbtagtiden (bei Port Sudan einerseits und bei Mokka andererseits) machen sie sich bemerkbar, da hier ja Halbtagsgezeiten auf kleine Werte herabgehen.

Der Meerbusen von Suez hat fast dieselbe Form wie das Rote Meer, ist nur etwa $^1/_6$ so lang wie dieses. Aber seine mittlere Tiefe beträgt etwa $^1/_{11}$ von der des Roten Meeres, so daß zu erwarten ist, daß die Reibungseinflüsse an den Unebenheiten des Meeresbodens einen großen Einfluß auf die Ausbildung der Gezeiten haben werden. Auch hier werden einerseits die Mitschwingungsgezeiten mit den Gezeiten des Roten Meeres an der Mündung des

Golfes von Suez im Süden (bei Schwadan) und andererseits die
selbständigen Gezeiten die Hauptbestandteile der im Golf auftretenden Tiden sein. Aber man kann gleich sagen, daß die selbständigen Gezeiten infolge der geringen Länge und geringen
Tiefe des Golfes ganz zurücktreten, so daß nur den Mitschwingungsgezeiten eine Bedeutung zukommen wird. Die Beobachtungen (Abb. 45) zeigen, daß von der Mündung bei Schwadan der
Tidenhub zuerst abnimmt, um an den Torbänken die kleinsten
Werte zu erreichen. Dann findet bis Suez, am innersten Ende des
Golfes, eine ziemlich rasche und starke Zunahme des Hubes statt.

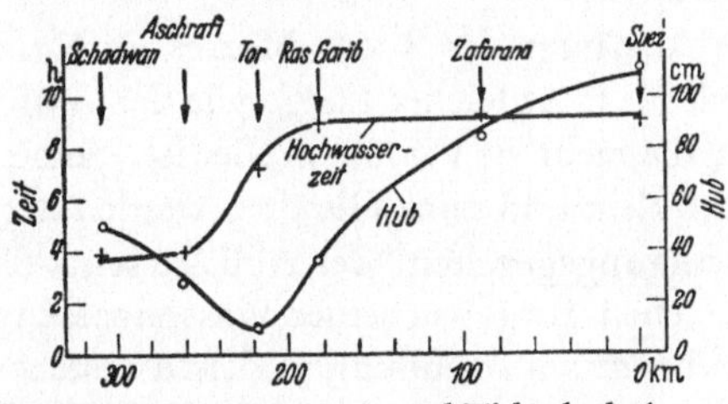

Abb. 45. Hochwasserzeit (-+-+-+-) und Tidenhub (-o-o-o-o-) im Golf
von Suez; die Zeiten sind bezogen auf den Meridiandurchgang des
Mondes in Greenwich (nach *Grace*).

Wäre der Tidenhub bei den Torbänken Null und würde hier die
Hochwasserzeit um 6 Stunden springen, dann hätte die Gezeit den
Charakter einer stehenden Welle. Dies ist nur z. T. der Fall, wie
die Abb. 45 zeigt. Diese Abweichungen von einer reinen stehenden Welle muß man als eine Wirkung der Reibung ansehen. Die
von der Mündung eindringende fortschreitende Welle wird beim
Vorgang der Mitschwingungsgezeit, wenn keine Reibung vorhanden ist, in den Kanal bis zum inneren geschlossenen Ende laufen
und wird hier vollständig ohne Änderung ihrer Amplitude zurückgeworfen (reflektiert); sie läuft nun den Kanal nach außen ab.
Die eindringende und die reflektierte Welle überlagern sich und
das Ergebnis ist die stehende Welle der Mitschwingungsgezeit.
Wenn aber Reibungseinflüsse vorhanden sind, dann wird schon
die eindringende Welle bei ihrem Weg bis zum inneren Ende abgeschwächt, dort wird sie nur teilweise reflektiert und außerdem
auf ihrem Weg bis zur Mündung weiter abgeschwächt. Die Überlagerung dieser beiden Wellen kann, da wir es nun mit einem

gegeneinander *verschobenen Wellengefüge* zu tun haben, nie eine
stehende Welle sein. Es bildet sich eine Mischform von stehender
und fortschreitender Welle aus, bei der an der ursprünglichen
Knotenlinie der Mitschwingungsgezeit der Hub nicht auf Null
herabsinkt, sondern nur kleine Werte annimmt, während an dieser
Stelle die Hochwasserzeit sich rasch um fast 6 Stunden ändert.
Das ist aber, was man gerade bei den Torbänken im Suez-Golf
beobachtet, so daß ohne Zweifel die Gezeiten dieses seichten,
schmalen Beckens nichts anderes als durch Reibungseinflüsse modi-
fizierte Mitschwingungsgezeiten seiner Wassermassen mit jenen
des Roten Meeres sind.

Der andere Ausläufer des Roten Meeres im Norden, der Golf
von Akaba, hat bei fast gleicher Länge wie der Golf von Suez eine
mittlere Tiefe, die mehr als 150 mal größer ist. Seine Eigenperiode
ist deshalb sehr klein und seine Gezeiten werden der ersten Art in
den „Mitschwingungsgezeiten" der Abb. 40 sein. Sie werden nur
aus einem einfachen Mitgehen seiner Wassermassen mit jenen des
Roten Meeres bei seiner Mündung in dieses bestehen. Die Beobachtungen bestätigen diese theoretischen Schlüsse. Es ist ein selt-
sames Spiel der Natur, daß sie uns zwei Meeresbecken gleich
nebeneinander gestellt hat, die, oberflächlich sehr ähnlich aussehen, durch ihre wesentlich verschiedenen Tiefenverhältnisse ein
grundverschiedenes Verhalten in ihren Gezeitenerscheinungen
aufweisen.

b) Das Adriatische Meer

(breiterer tiefer Kanal)

Das Adriatische Meer, das weit in das europäische Festland in
Form eines Kanals fast gleichbleibender Breite eindringt, steht an
der Straße von Otranto mit dem Jonischen Meer in breiter Verbindung. Die Tiefenkarte der Adria läßt zwei Becken ungleicher
Tiefe und Gestalt erkennen. Das Nordbecken, das seine größte
Tiefe (250 m) knapp vor der Querbarriere, die es vom Südbecken
trennt, hat, flacht gegen Norden in den Golf von Triest aus. Das
Südbecken hat eine trichterförmige Gestalt mit der großen Tiefe
von 1200 m in der Mitte und steilen Böschungen ringsum. Eine
zweite Schwelle trennt es an der Straße von Otranto vom Jonischen

Meer. Die Gezeiten dieser großen Meeresbucht sind durch die harmonischen Gezeitenkonstanten einer großen Zahl von Küstenorten sehr gut bekannt. Sie sind bei den Halbtagsgezeiten charakterisiert durch eine gut entwickelte Amphidromie der Flutstundenlinien (Drehtide, siehe Seite 66) im nördlichen Teil, während bei den Eintagstiden eine gleichzeitige Hebung und Senkung des ganzen Wasserspiegels mit der Gezeit des Jonischen Meeres stattfindet, wobei sich eine Zunahme der Amplitude gegen Norden zu einstellt.

Längen- und Tiefenverhältnisse der Adria lassen erwarten, daß die Mitschwingungsgezeit mit den Gezeiten im Jonischen Meer vor der Mündung an der Straße von Otranto als Längsschwingung *eine Knotenlinie* auf der Höhe von Zara besitzt. Dann hätten die äußeren Teile der Adria Hochwasser, wenn die inneren Niedrigwasser haben und umgekehrt. Tatsächlich zeigen die Halbtagstiden (z. B. M_2 oder S_2) solche Verhältnisse, aber die linksdrehende Drehtide an der Knotenlinie weist darauf hin, daß auch Querschwingungen vorhanden sind, die gegenüber der einfachen Längsschwingung einen Phasenunterschied von 3 Stunden haben. Nach den früheren Erörterungen auf Seite 66 sind solche Querschwingungen eine Wirkung der ablenkenden Kraft der Erdrotation auf die Gezeitenströme der Längsschwingung. Die Adria ist so breit, daß diese Querschwingungen an der westlichen und östlichen Küste der Adria solche Hübe bewirken, daß es zur Ausbildung einer Amphidromie im Gezeitenbild kommen muß. Nun läßt sich jede einfache Welle als die Überlagerung von zwei Wellen auffassen, deren Phase (Eintrittszeit des Hochwassers) um ein Viertel der Periode (d. i. bei der Periode der M_2-Welle von 12 Mondstunden um 3 Mondstunden) verschieden ist. Die Mathematik gibt somit die Möglichkeit, für jeden Küstenort die dort beobachtete Gezeit in zwei Anteile zu spalten, von denen der eine von der Längsschwingung (sie ist eine Folge der Mitschwingungszeit), der andere von der Querschwingung (sie ist eine Folge der ablenkenden Kraft der Erdrotation) herrührt. Sowohl die Längsschwingung als auch die Querschwingungen lassen sich unter voller Berücksichtung der Tiefen- und Breitenverhältnisse theoretisch berechnen, so daß es möglich ist, am Falle der Adria die Gezeitentheorie besonders gut zu prüfen.

Die Abb. 46 gibt im oberen Teil für die Hauptmondtide M_2 die theoretisch berechnete Amplitudenverteilung der Längsschwingung der Adria, bei der neben der besonders kräftigen Mitschwingungsgezeit auch die ganz schwache selbständige Gezeit Berücksichtigung fand. Der äußere Teil hat als Eintrittszeit des Hochwassers 3.3^h Mondzeit, der innere 9.3^h. Diese Mitschwingungsgezeit ist somit eine einfache Schaukelbewegung um eine Knotenlinie,

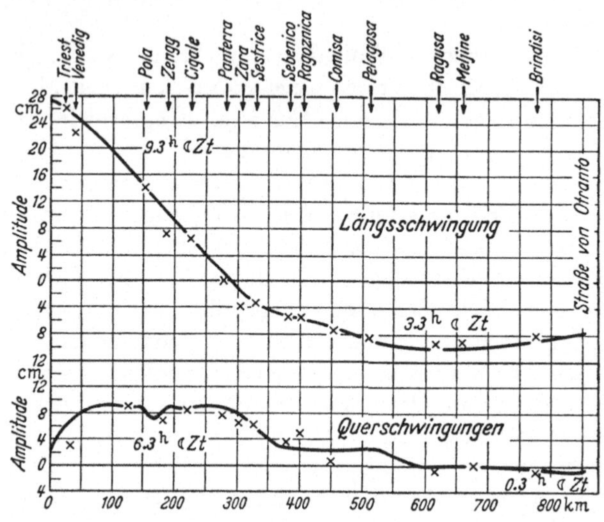

Abb. 46. Gezeiten des Adriatischen Meeres; Hauptmondtide M_2 (Periode 12 Mondstunden): Der obere Teil gibt in der ausgezogenen Kurve die theoretische Mitschwingungsgezeit mit den vom Jonischen Meer kommenden Impulsen. Der untere Teil gibt die theoretischen Querschwingungen als Wirkung der Erdrotation auf die Gezeitenströme der Längsschwingung. Die Kreuze geben die aus den Beobachtungen abgeleiteten Anteile der Längs- und Querschwingungen für alle oben angeführten Küstenorte.

etwa 290 km vom Nordende entfernt. Die als Kreuze eingetragenen Werte sind die beobachteten Anteile dieser Längsschwingung und man erkennt, daß diese Werte sich in sehr guter Weise dem theoretisch geforderten Verlauf der Amplituden einfügen. Die mit der Längsschwingung verbundenen Gezeitenströme in nord-südlicher Richtung, also längs der Längsachse der Adria unterliegen der Ablenkung durch die Erdrotation. Die

dadurch bedingten Querschwingungen lassen sich aber in erster
Annäherung ebenfalls theoretisch berechnen, wenn die Stärke der
Gezeitenströme der Längsschwingung bekannt ist. Diese lassen
sich aber aus den Amplituden dieser Längsschwingung ermitteln.
So kann man auch die theoretischen Querschwingungen mit den
beobachteten vergleichen, was im unteren Teil der Abb. 46 wieder
für die M_2-Tide geschehen ist. Auch hier läßt sich sagen, daß eine

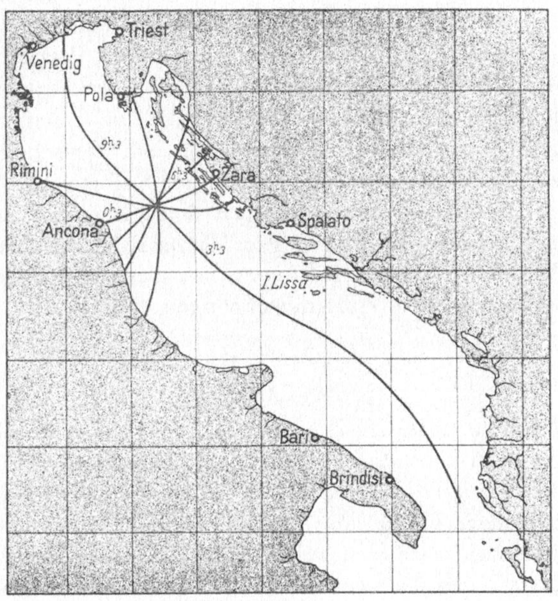

Abb. 47. Flutstundenlinien der Adria für die M_2-Tide. Die Zahlen an
den Linien geben die Eintrittszeit des Hochwassers in Mondstunden. Die
Amphidromie ist eine Wirkung der ablenkenden Kraft der Erddrehung.

bessere Übereinstimmung kaum zu erwarten ist, wenn man be-
denkt, daß bei jedem Ort auch die nächste Umgebung einen gewissen Einfluß auf den Gezeitenhub ausübt. Längsschwingung
und Querschwingungen ergeben zusammen das Gezeitenbild der
M_2-Tide der Adria, das in Abb. 47 gegeben ist. Auch für die anderen Halbtagspartialtiden ergeben sich ähnliche Gezeitenbilder
und in allen ist die gut ausgebildete Amphidromie das Charakteristische.

Natürlich lassen sich auch für die Eintagstiden, z. B. für die
etwas stärker in Erscheinung tretende K_1-Tide, genau die gleichen
theoretischen Berechnungen durchführen. Sie haben ebenfalls ergeben, daß durch sie die Beobachtungen in bester Weise wiedergegeben werden. Die Eintagsgezeit ist ein einfaches Heben und
Senken des Wasserspiegels im Takt der entsprechenden Gezeiten
im Jonischen Meer. Hier kommt es zu keiner Knotenlinie und
deshalb auch zu keiner Drehtide, ganz abgesehen, daß die Eintagstiden sehr schwach ausgebildet sind und dementsprechend
die Wirkung der Erdrotation stark zurücktritt. Fassen wir zusammen, so kann man sagen, daß die Gezeiten der Adria zum ge-
ringsten Teil selbständige Gezeiten darstellen; sie sind im wesentlichen auf die periodischen Impulse aus dem Jonischen Meere
zurückzuführen. Diese Impulse sind bei den Halbtagstiden stärker
als bei den Eintagstiden. Deswegen überwiegen die ersteren.
Der Charakter der Gezeit hängt ganz davon ab, in welcher Weise
die Wassermassen dieses Meerbusens mit diesen Impulsen unter
Einwirkung der Erdrotation mitschwingen.

c) Die Nordsee

(breites Randmeer)

Die Nordsee unterscheidet sich von den bisher behandelten
Meeresgebieten besonders dadurch, daß sie eine zu ihrer Länge
große Breite besitzt und daß im Norden gegen den freien Ozean
eine breite offene Verbindung vorhanden ist. Den Gezeiten in ihr
nach unterscheidet sie sich weiter darin, daß die an den Küstenorten auftretenden Tidenhübe erheblich größer als in den bisher
betrachteten Meeren sind; findet man doch an der Küste Englands
z. B. durchweg mittlere Springtidenhübe zwischen 3 und 5 m,
auch an der deutschen Küste gehen sie bis fast 3 m hinauf. Andererseits sinken die Werte an der norwegischen Küste auf 25 cm und
weniger herab, so daß die Gezeiten hier fast unmerklich werden.
Es ist von vornherein zu erwarten, daß die große Breite der
Nordsee eine direkte Anwendung der im früheren dargelegten
hydrodynamischen Methoden, die sich auf relativ enge, kanal-
artige Nebenmeere beziehen, in einfacher Weise nicht zuläßt. Es
bleibt aber sicher dies bestehen, daß dieses Randmeer in erster
Annäherung als ein breiter Kanal angesehen werden kann, der

gegen Norden gegen den freien Ozean in seiner ganzen Breite offen ist und von dieser Seite starke Impulse zum Mitschwingen mit der äußeren Gezeit des Atlantischen Ozeans erhält. Die Öffnung im Südwesten durch die Straße von Dover wird keinen großen Einfluß haben. Denn die Gezeitenenergie, die durch diese Straße in die Nordsee eintritt, ist des kleinen Querschnitts der Meeresstraße wegen gering und vermag, wie schon frühzeitig festgestellt wurde, die Gezeitenbewegung nur im schmalen Teil zwischen England und Holland (die Hoofden) zu beeinflussen.

In der Nordsee spielen nur die Halbtagsgezeiten eine Rolle; die ganztägigen sind so klein, daß sie ohne Beachtung bleiben können. Die Hauptmondtide M_2 kann als Repräsentantin für alle Halbtagsgezeiten genommen werden. Das Gezeitenbild dieser M_2-Tide ist in Abb. 48 gegeben. Man sieht, wie die Gezeit in Form einer fortschreitenden Welle von Norden in die Nordsee eindringt. Aber ihre Fortpflanzungsgeschwindigkeit ist an der schottisch-englischen Küste, wo auch wesentlich größere Tidenhübe auftreten, erheblich größer als an der norwegischen Küste, an der sich deutlich eine Hemmung im Weitervorrücken einstellt. Ja, knapp vor der norwegischen Küste bei Stavanger und Christiansund zeigt sich eine kleine Amphidromie (Drehtide) in der Verteilung der Flutstundenlinien. Diese Amphidromie ist lange Zeit als durch die Beobachtungen nicht nachweisbar abgelehnt worden, nur eine starke Drängung der Flutstundenlinien wollte man zugeben. Aber nach den neuesten Untersuchungen muß ihr Vorhandensein als gesichert gelten. Natürlich sinken in ihrem Bereich die Amplituden der Gezeitenwelle auf sehr kleine Werte herab. Während an der Westseite der Nordsee sich die Gezeitenwelle weiter nach Süden mit großen Tidenhüben regelmäßig ausbreitet, bildet sich im Ostteil eine große linksdrehende Amphidromie (Drehtide) aus, bei der die Gezeitenwelle längs der deutschen Küste ostwärts, über die deutsche Bucht nach Norden drehend längs der jütländischen Küste den Ring um den mittleren Drehpunkt schließt.

Man könnte sich die Frage vorlegen, inwieweit dieses Gezeitenbild, das ja die großen Meeresflächen der Nordsee ausfüllt, durch die Beobachtungen festgelegt ist. Es ist wahr, daß die Gezeitenbeobachtungen außerhalb der Küsten noch spärlich sind und im

allgemeinen kaum ausreichen, die Gezeitenkarte in jedem Teil
festzulegen. Aber gerade für die Nordsee liegen einerseits viele
Werte der Gezeitenkonstanten auf freiem Meer vor, andererseits
sind aber an den verschiedensten Punkten zahlreiche Strombeobachtungen ausgeführt, worden, die auch für die Zwecke einer

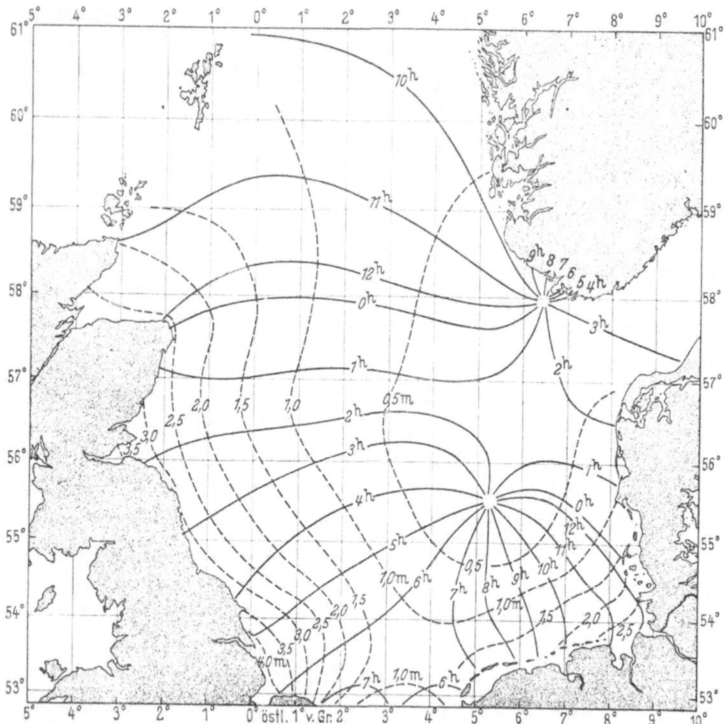

Abb. 48. Gezeitenkarte der Nordsee für die Hauptmondtide M_2 (nach
W. Hansen). ————: Die mit Uhrzeiten bezifferten Flutstundenlinien
(Eintrittszeit des Hochwassers so viel später als der Durchgang des
Mondes durch den Meridian von Greenwich). Die gestrichelten Linien
sind Linien gleichen mittleren Tidenhubes in Metern.

genaueren Zeichnung der Flutstundenlinien über dem freien Meere
benützt werden können. Die Mathematik lehrt, daß man auf
zweifache Weise den Gezeitenstrom zur Festlegung der Ebbe und
Flut auf offener See verwenden kann. Nach dem einen Verfahren

80

wird das ganze Gebiet der Nordsee in eine große Zahl von kleinen
Bezirken aufgeteilt und für jeden derselben mittels der Strombeobachtungen ermittelt, wie groß für einen bestimmten Zeitraum der Überschuß des einströmenden über das ausströmende
Wasser ist. Man bekommt dann das Steigen oder Fallen des
Wasserspiegels in der betreffenden Zeit und damit die Gezeitenkurve. Beim zweiten Verfahren benützt man die theoretisch gegebenen Beziehungen zwischen dem Gefälle des Wasserspiegels
und der Stromgeschwindigkeit, um im Anschluß an die Küstenbeobachtungen die Gezeit auf offener See abzuleiten. Beide Verfahren haben übereinstimmende Ergebnisse ergeben und auf
diesen beruht die Darstellung der Nordseegezeiten in Abb. 48.

Die Gezeiten der Nordsee werden wohl in erster Linie Mitschwingungsgezeiten ihrer Wassermassen mit jenen des Atlantischen Ozeans vor ihrer Mündung im Norden sein. Ihre Länge
und Tiefe würde zwei *Knotenlinien* erwarten lassen, die eine im
Norden von Schottland bis etwa Stavanger im südlichen Norwegen, die zweite im Süden quer durch die Deutsche Bucht. Daß
die Amphidromiemittelpunkte gerade in diesen Gebieten liegen,
läßt schließen, daß im wesentlichen dieser einfache Erklärungsversuch das Richtige trifft. Die Amphidromien sind linksdrehend; demnach sind sie wohl eine Wirkung der ablenkenden
Kraft der Erdrotation, die ja Knotenlinien in solche Drehtiden umwandelt. Aber während man in dem relativ schmalen Adriatischen
Meere die durch die Erdrotation bedingte Querschwingung in
einfacher Weise aus den theoretischen Gezeitenströmen der
Längsschwingung angenähert berechnen konnte, läßt sich dies
bei der sehr breiten Nordsee nicht tun, man würde ganz unrichtige
Werte für die Querschwingungen bekommen. Die nähere Behandlung dieser Frage führt zu folgendem Problem: Eine fortschreitende Gezeitenwelle tritt in einen *breiten Kanal* mit gegebener
Phase und Amplitude ein, durchwandert diesen Kanal bis an sein
geschlossenes Ende und wird hier zurückgeworfen. Einlaufende
und reflektierte Welle überlagern sich. Wie sieht die Gezeit im
Kanal aus? Die Beantwortung dieser Frage erfordert die Klarstellung, wie sich in einem breiten Kanal eine *fortschreitende Gezeitenwelle* bei Einwirkung der ablenkenden Kraft der Erddrehung
verhält. In fortschreitenden Wellen hat der Gezeitenstrom im

Wellenberg eine Richtung in der Fortpflanzungsrichtung der Welle, im Wellental eine Richtung ihr entgegengesetzt. Im Wellenberg werden deshalb auf der Nordhemisphäre durch die Erddrehung die Wassermassen nach rechts von der Fortpflanzungsrichtung geworfen, im Wellental nach links. Die Hubhöhen der Gezeit können deshalb in der Querrichtung des Kanals nicht gleich groß sein, Abb. 49 möge die Verhältnisse erläutern. In den breiten Kanal möge in der fortschreitenden Welle, wenn keine Erddrehung vorhanden wäre, die Hochwasserhöhe H, die Niedrigwasserhöhe h sein; H—h ist dann der Tidenhub. Durch die Wirkung der ablenkenden Kraft der Erddrehung wird der Wasserspiegel bei Hochwasser nach rechts solange ansteigen, bis diese Kraft durch das Niveaugefälle des Wassers aufgehoben (kompensiert) wird. Dadurch steigt die Hochwasserhöhe auf der rechten Kanalseite auf $H + a$, sinkt auf der linken Kanalseite auf H—a. Bei Niedrigwasser hat

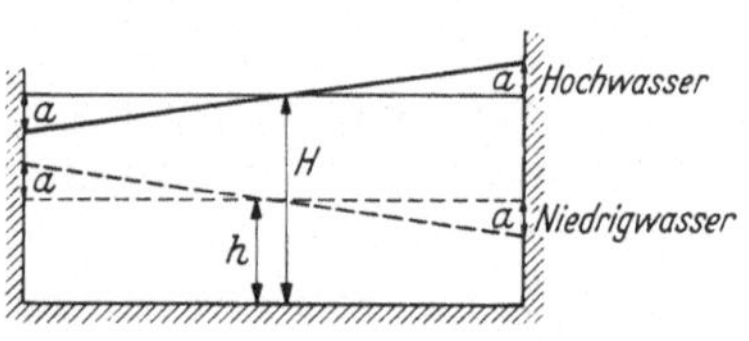

Abb. 49. Wirkung der Erddrehung auf eine fortschreitende Gezeitenwelle in einem Kanal. Fortpflanzungsrichtung in die Papierebene hinein. Dünne und dünn gestrichelte waagerechte Linie = Wasseroberfläche im Kanal bei Hoch- bzw. Niedrigwasser, wenn keine Erddrehung vorhanden wäre. Dick und dick gestrichelte Linien = Verlagerung der Wasseroberfläche durch die Wirkung der ablenkenden Kraft der Erddrehung.

die ablenkende Kraft die entgegengesetzte Richtung; nun wird auf der linken Seite die Niedrigwasserhöhe auf $h + a$ erhöht, auf der rechten Seite auf h—a erniedrigt. Der Tidenhub ist also rechts H—$h + 2a$. Durch die Wirkung der Erddrehung ist die Erhöhung rechts $2a$, die Erniedrigung links ebenfalls $2a$, so daß auf den Kanalseiten ein Tidenhubunterschied von $2a$ vorhanden ist. Abb. 50 gibt das Bild einer derartigen fortschreitenden Welle. Nach ihrem Entdecker wird eine solche Welle *Kelvin-Welle* genannt. In ihr gibt es keine Bewegungen des Wassers quer zum Kanal mehr, da in jedem Augenblick Gleichgewicht zwischen der ablenkenden Kraft der Erddrehung und dem Wassergefälle besteht. In einem breiten Kanal sind auf der rotierenden Erde nur *Kelvin*sche Wellen möglich.

Trifft nun eine solche Kelvin-Welle auf das geschlossene Ende
des Kanals, so wird sie vollständig zurückgeworfen. Aber dieser
Vorgang spielt sich nicht mehr so einfach ab, wie bei einer einfachen Gezeitenwelle. *G. I. Taylor* hat nachgewiesen, daß bei
dieser Reflexion im innersten Kanalteil es noch zu besonderen
Querbewegungen des Wassers kommt, die das Gezeitenbild hier
ganz anders gestalten. Erst in einiger Entfernung vom inneren
Abschluß ist die Gezeit die einfache Überlagerung der einlaufen-
den und zurückgeworfenen Kelvin-Welle. Für einen Kanal, der
etwa die Dimensionen der Nordsee hat, bekommt man das in

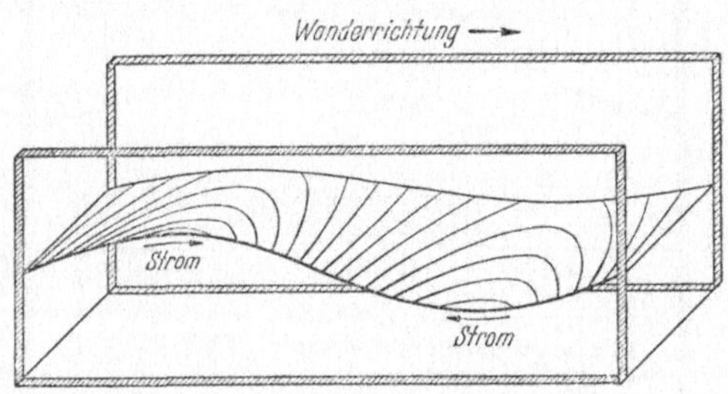

Abb. 50. Fortschreitende *Kelvin*sche Welle in einem breiten Kanal bei
Einwirkung der ablenkenden Kraft der Erddrehung. Nordhalbkugel.
Die Linien an der Wasseroberfläche sind Linien gleicher Wasserhöhe;
sie geben also die Topographie der Meeresoberfläche beim Vorübergang
der Welle.

Abb. 51 gegebene Gezeitenbild. Es gibt zwei Drehtiden, eine im
äußeren, die andere im inneren Kanalabschnitt. Die Gezeitenwelle
läuft auf der Westseite von Norden nach Süden (wenn die Mündung des Kanals im Norden ist), umkreist am geschlossenen Ende
im Süden die Bucht und wandert auf der Ostseite nach Norden.
Vergleicht man diese Ergebnisse mit dem Gezeitenbild der Nordsee, dann kann man die Ähnlichkeit der Bilder nicht übersehen.
Aber es gibt doch Abweichungen, die noch einer Erklärung be-
dürfen. Warum sind beide Drehtiden gegen Osten verschoben,
die äußere mehr als die innere? Warum ist diese gut entwickelt,
die äußere nur ganz schwach? Es läßt sich nachweisen, daß dies
eine Wirkung der Reibungseinflüsse sein muß, die bei der geringen
Wassertiefe der Nordsee die Gezeitenströme durch die Unebenheiten des Meeresbodens erleiden. Die eindringende Kelvin-Welle

wird auf ihrem Weg nach Süden schon etwas geschwächt; der
größte Verlust an Hubhöhe erfolgt aber gewiß im innersten seichten Ende der Nordsee, wo an den vorgelagerten Inselreihen und

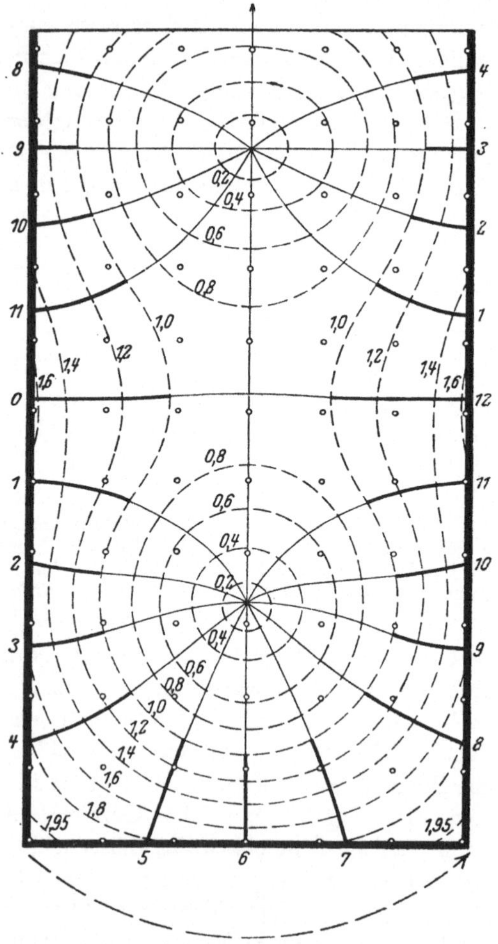

Abb. 51. Flutstundenlinien (Linien gleicher Eintrittszeit des Hochwassers) und Linien gleichen Tidenhubes der halbtägigen Gezeit in einer
etwa doppelt so langen wie breiten Bucht auf der rotierenden Erde
(nach G. I. Taylor). Der Pfeil unter der Abbildung gibt die Richtung
der Erddrehung.

den ausgedehnten Wattflächen viel Gezeitenenergie verloren geht. Die rücklaufende Kelvin-Welle ist so von Anfang an viel schwächer als die einlaufende und sie wird auf ihrem Weg nach Norden noch weiter geschwächt. Die Überlagerung der beiden Wellen reicht noch aus, um in der Deutschen Bucht die innere große Drehtide zur Ausbildung zu bringen; allerdings wird ihr Mittelpunkt schon etwas ostwärts verlagert. Aber bei der äußeren Amphidromie ist die rücklaufende Welle so schwach, daß die Drehtide nur ganz im Osten angedeutet ist und für die ganze Breite der Nordsee das Gezeitenbild fast nur durch die einlaufende Kelvin-Welle bestimmt wird.

In den Grundzügen entstammen die Nordseegezeiten demnach dem Atlantischen Ozean; die Wassermassen der Nordsee empfangen an ihrer breiten nördlichen Mündung die Gezeitenimpulse, mit denen sie mitschwingen. Aber die Erddrehung und die Reibung haben bei der Ausbildung des Gezeitenbildes einen ausschlaggebenden Einfluß. Die selbständigen Gezeiten sowie die Impulse aus der Straße von Dover bzw. aus dem Englischen Kanal sind bedeutungslos, ebenso spielt auch der Energieverlust durch die in das Skagerrak abwandernde Welle nur eine Nebenrolle.

5. Die Gezeiten der freien Ozeane, besonders des Atlantischen Ozeans

Einen Einblick in die Gezeitenvorgänge auf den weiten Flächen der Ozeane würde man gewinnen können, wenn Phase und Amplitude der Gezeitenwellen für viele Punkte des Weltmeeres bekannt wären und man so kartographische Verteilungen der Flutstundenlinien und der Linien gleicher Amplitude zeichnen könnte. Aus rein theoretischen Anhaltspunkten heraus läßt sich derzeit dieses Problem kaum lösen. Wir wissen zwar, wie die ververschiedenen Faktoren auf die Ausbildung der Formen der Flutstundenlinien und der Amplitudenverteilung sich im allgemeinen auswirken, aber dies reicht nicht aus, um das tatsächliche Gezeitenbild festzulegen. Gegeben sind aus den Beobachtungen die Gezeitenkonstanten der Partialtiden für zahlreiche Küstenorte und Inseln, also das Verhalten der Gezeitenwelle längs der Küsten, aber wie man diese Werte über die weiten Flächen der Ozeane hinweg verbinden kann, ist zunächst noch eine subjektive

Angelegenheit. Eine ganze Menge solcher Konstruktionen sind
möglich und die Hauptaufgabe ist es dann, aus allen diesen Mög-
lichkeiten solcher Schwingungssysteme auf Grund der Gezeiten-

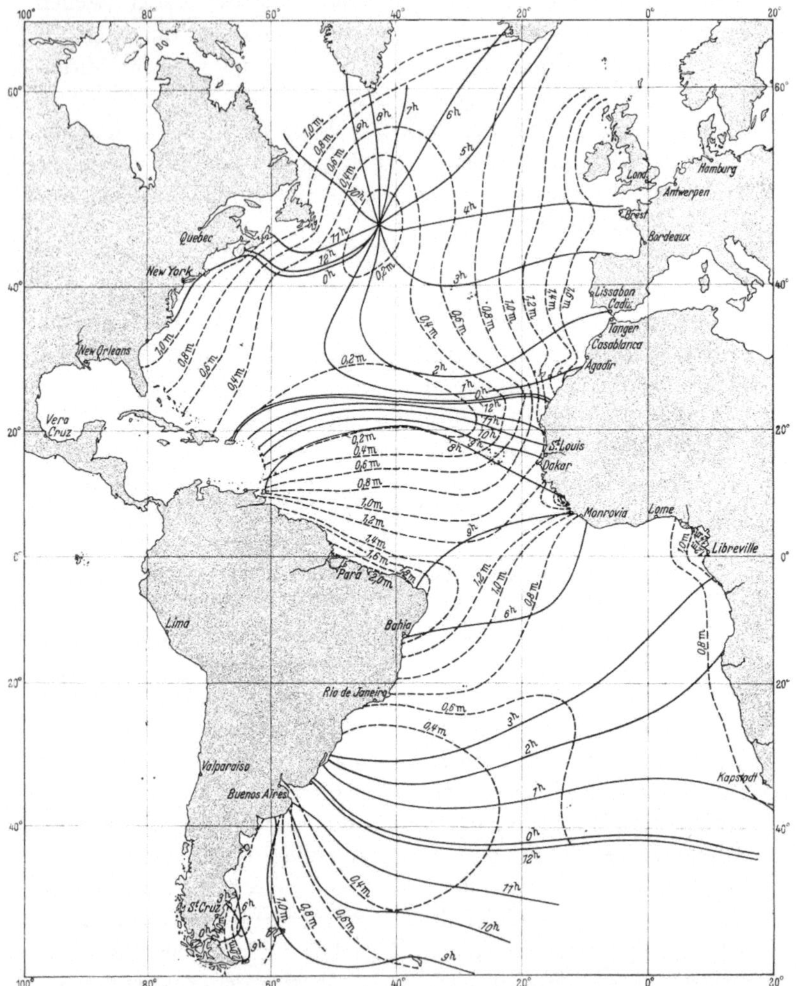

Abb. 52. Flutstundenlinien und Linien gleichen Tidenhubes der Hauptmondtide M_2 im Atlantischen Ozean (nach *W. Hansen*). Die Uhrzeiten an
den Linien sind Hochwasserzeitunterschiede gegen den Meridiandurchgang des Mondes in Greenwich, die Linien gleichen Tidenhubes in Metern.

theorien jene herauszuheben, die am sinnvollsten ist und einen inneren Grad von Wahrscheinlichkeit besitzt. Solcher Versuche sind mehrere gemacht worden (*Whewell* 1836, *Harris* 1904, *v. Sterneck* 1920). Der neueste von *Dietrich* 1944 stützt sich auf das ganze bisher verfügbare Beobachtungsmaterial, das besonders kritisch geprüft wurde. Die Darstellung bleibt natürlich stets mehr oder minder subjektiv, und die Karten stellen kaum mehr als ein wahrscheinliches Schwingungssystem der betrachteten Gezeitenarten dar. Abb. 52 gibt die Flutstundenlinien der Hauptmondtide M_2 des Atlantischen Ozeans (nach *W. Hansen*), für den die Gezeitenverhältnisse am ehesten als gesichert bekannt anzusehen sind. Die Uhrzeiten beziehen sich auf die Zeit des Meridiandurchganges des Mondes in Greenwich. Die Verteilung der Amplituden auf der weiten Fläche des Ozeans ist theoretisch aus den Küstenwerten berechnet worden, wenn diese auch teilweise durch die Küsten- und Meeresbodengestaltung stark gestört sein können (siehe S. 69). Zur Beurteilung der Gezeiten des Atlantischen Ozeans diene die beifolgende Tabelle 5, die für eine Reihe von Orten an der West- und Ostküste die Gezeitenkonstanten für die wichtigsten halbtägigen Tiden M_2 und S_2 und die wichtigsten eintägigen Tiden K_1 und O_1 enthält. Die Phasen (in Graden, $360° = 12$ Mondstunden) beziehen sich auf den Meridiandurchgang des Mondes in Greenwich.

Der Südatlantische Ozean zeigt in seiner ganzen Breite ein Fortschreiten der Gezeitenwelle von Süden nach Norden. Die Flutstundenlinien fächern von der südamerikanischen Küste zur südafrikanischen aus, wobei sich an der südamerikanischen Küste mit der Flutstundenzusammendrängung auch ein Amplitudenminimum (Rio Grande do Sul nur 5 cm) einstellt. Der Phasensprung von 6 Stunden dies- und jenseits dieser Zusammendrängung macht es wahrscheinlich, daß hier eine uneigentliche Knotenlinie vorliegt. In dem äquatorialen Gebiet ist die Phasenänderung bei großen Amplituden klein (Schwingungsbauch), worauf sich eine neuerliche Zusammenscharung der Flutstundenlinien einstellt, die in etwa 20° N Breite den ganzen Ozean durchzieht; die Amplituden sind gering, so daß auch hier eine Knotenlinie vermutet wird. Die ganze Fläche des Nordatlantischen Ozeans wird von einer gut ausgebildeten Amphidromie (Drehtide)

Tabelle 5. *Einige Gezeitenkonstanten des Atlantischen Ozeans.*

Ort	Geographische		Amplituden in cm				Phase in Graden				Form-zahl
	Breite	Länge	M_2	S_2	K_1	O	M_2	S_2	K_1	O	in Proz.
St. John (Neufundland)	47°34′N	52°41′W	35.7	14.6	7.6	7.0	210	254	108	77	29
New York (Sandy Hook) . . .	40°28′	74°01′	65.4	13.8	9.7	5.2	218	245	101	99	19
St. George (Bermudas)	32°22′	64°42′	35.5	8.2	6.4	5.2	231	257	124	128	27
Port of Spain (Trinidad)	10°39′	61°31′	25.2	8.0	8.8	6.7	119	139	187	178	47
Pernambuco	8°04′S	34°53′	76.3	27.8	3.1	5.1	125	148	64	142	8
Rio de Janeiro . . .	22°54′	43°10′	32.6	17.2	6.4	11.1	87	97	148	87	35
Buenos Aires	34°36′	58°22′	30.5	5.2	9.2	15.4	168	248	14	202	70
Moltke Hafen (Südgeorgien) . . .	54°31′	36°0′	22.6	11.7	5.2	10.2	213	236	52	18	45
Kapstadt	33°54′S	15°25′	48.6	20.5	5.4	1.6	45	88	127	243	10
Freetown	8°30′N	13°14′	97.7	32.5	9.8	2.5	201	234	334	249	9
Puerto Lux (Las Palmas) . . .	28°9′	25°25′	76.0	28.0	7.0	5.0	356	19	21	264	12
Ponta Delgada (Azoren)	37°44′	25°40′	49.1	17.9	4.4	2.5	12	32	41	292	10
Lissabon	33°42′	9°8′	118.3	40.9	7.4	6.5	60	88	51	310	9
Brest.	48°23′	4°29′	296.1	75.3	6.3	6.8	99	139	69	324	5
Londonderry	55°0′N	7°19′W	78.6	30.1	8.2	7.8	218	244	181	38	15

eingenommen, die links herum (entgegen dem Uhrzeigersinn) läuft und deshalb wohl als Wirkung der Erddrehung anzusehen ist. Der Übergang zum europäischen Nordmeer vermittelt einerseits eine Knotenlinie in der Dänemarkstraße (zwischen Grönland und Island), andererseits eine kleine Amphidromie zwischen den Shetlandinseln und Island mit dem Zentrum unweit der Faröer-Inseln.

Die eintägigen Tiden, für die die K_1-Welle charakteristisch ist, weisen zwei große Amphidromien auf; die eine umfaßt den ganzen Nordatlantischen Ozean, die andere nimmt den Südatlantischen Ozean ein. Ihre Gestaltung ist somit einfacher als bei der halbtägigen Gezeitenwelle.

Will man das auf Grund der Beobachtungstatsachen abgeleitete Gezeitenbild erklären, dann muß man versuchen, Einblick zu gewinnen auf alle Faktoren, die von Einfluß darauf sind. Es ist zunächst klar, daß die komplizierte Konfiguration des Ozeans, das Mitschwingen der Wassermassen des betrachteten Meeres mit den angrenzenden Ozeanen, die ablenkende Kraft der Erddrehung, die Reibung Faktoren darstellen, die von wesentlichem Einfluß auf die Gezeiten sind und daß ihre gleichzeitige und gegenseitige Einwirkung eine volle Lösung des Problems erschwert. *Proudman* und *Doodson* haben rein theoretisch die Gezeitenbilder für Ozeane konstanter Tiefe abgeleitet, die von einem vollständigen Meridian umschlossen sind. Die Übertragung dieser theoretischen Ergebnisse auf die tatsächlichen Ozeane ist schwierig, aber sie zeigen, was für Gezeitenbilder hierbei überhaupt zu erwarten sind und bieten so manche Anhaltspunkte für das Verständnis der tatsächlichen Gezeiten.

Daß die Gezeiten des Atlantischen Ozeans bei den Erklärungsversuchen an erster Stelle stehen, darf nicht Wunder nehmen. Hat er doch eine recht einfache Gestalt, die einem breiten Kanal gleicht. Im Süden mündet er in den großen Antarktischen Wasserring, der die ganze Erde umspannt, im Norden ist er mit dem Arktischen Meer geschlossen, wobei schon zwischen Grönland und Island und zwischen Island und Schottland die Abschnürung von den nördlicher gelegenen Wassermassen sehr groß ist. So kann man versuchen, das Atlantische Gezeitenbild als die Überlagerung von Längs- und Querschwingungen verständlich zu machen, wobei die Längsschwingung sowohl selbständige Gezeiten als auch Mitschwingungsgezeiten mit den im Süden vor der Mündung vorhandenen Gezeiten im Antarktischen Wasserring wären, während die Querschwingungen im wesentlichen auf die Wirkung der Erdrotation zurückzuführen wären (*Defant*, 1924). Die Durchführung einer solchen Theorie ergab, daß der Grundgedanke sicherlich das Richtige trifft, wenn auch nur in ganz roher Weise die Verhältnisse in der Natur nachgeahmt werden können. Wenn man die Erfahrungen über die Ausbildung der

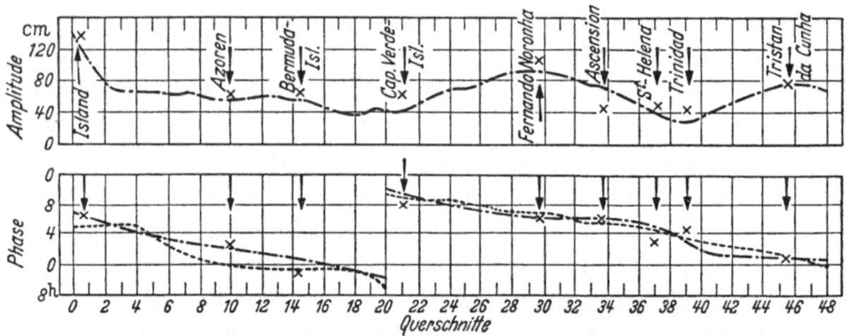

Abb. 53. Verteilung der Amplitude (cm) und Phase (in Mondstunden) der halbtägigen Gezeit zur Springzeit auf der Mittelachse des Atlantischen Ozeans. Ausgezogene Kurve: Theoretische Berechnung; Kreuze: Werte an den in Tab. 6 angeführten Inseln nahe der Mittellinie des Ozeans.

Gezeitenbilder in breiten Randmeeren (z. B. Nordsee) heranzieht, kann man im Atlantischen Ozean annehmen, daß von Süden her in Form einer fortschreitenden Welle Gezeitenenergie nach Norden eindringt, diese aber nach Durchlaufen des ganzen Atlantischen Ozeans auf den ausgedehnten Schelfen des Arktischen Meeres und durch die Eisbedeckung des Polarmeeres teilweise verbraucht wird. Die zurückgeworfene Gezeitenwelle, die im Atlantischen Ozean nach Süden fortschreitet, ist dann schwächer als die eindringende Welle. Die Mitschwingungsgezeit kann auf diese Weise nicht mehr die Form einer einfachen stehenden Welle haben, sondern muß sich als Überlagerung eines gegeneinander verschobenen *Wellengefüges* darstellen lassen. Dies erklärt, weshalb im Südatlantischen Ozean die Flutwelle äußerlich als fortschreitende Welle ausgebildet ist. Man hätte dann im Atlantischen

90

Ozean einen ähnlichen Fall vor sich wie in der Nordsee, wo ebenfalls die hier von Norden eindringende Welle im Süden so große
Reibungsverluste erleidet, daß die geschwächte reflektierte Welle
zwar ausreicht, um in der Deutschen Bucht eine Drehtide zu erzeugen, in der nördlichen Nordsee hingegen die Überlagerung
hier fast zu einer fortschreitenden Welle führt (*Defant* 1928).

Diese Theorie läßt sich prüfen, wenn man sich auf die Verhältnisse auf die Mittelachse des Ozeans beschränkt. Hier dürften
die Wirkungen der ablenkenden Kraft der Erdrotation von keiner
großen Bedeutung sein und es ist andererseits möglich, die theoretischen Ergebnisse mit den Gezeitenwerten auf ozeanischen
Inseln, die nahe der Mittelachse des Ozeans liegen, zu vergleichen.
Abb. 53 gibt in den ausgezogenen Linien oben die Verteilung
der Amplitude, unten jene der Phase (Eintrittszeit des Hochwassers in Mondstunden) der halbtägigen Gezeit *auf der Längsachse des Atlantischen Ozeans*, wie sie durch die Überlagerung der
Mitschwingungs- und der selbständigen Gezeit *theoretisch* berechnet wurden. Die Kreuze geben die Werte für die ozeanischen
Inseln nach der beifolgenden *Tabelle 6*. Man kann der Abbildung
entnehmen, daß die beobachteten und die theoretischen Werte
recht gut übereinstimmen, wenigstens was den allgemeinen Verlauf der Verteilungen betrifft. Dieser Theorie gemäß wären die
Atlantischen Gezeiten halbtägiger Periode, wenn nur die Verhältnisse auf der Mittelachse des Ozeans betrachtet werden, ein

Tabelle 6. *Werte der halbtägigen Gezeit auf ozeanischen Inseln nahe der Mittelachse des Atlantischen Ozeans.*

Ort	Geographische		Amplitude	Phase
	Breite	Länge	cm	Mondst. in G. Z.
Heimaey (Island)	63.4°N	20.3°W	137	6.5^h
Westliche Azoren (Mittel 8 Stat.)	38.7°	28.5°	60	2.1
Bermuda-Insel	32.3°	64.8°	55	11.2
Kap-Verde-Inseln (2 westl. Stat.)	17.0°	25.2°	63	8.0
Fernando Po u. Rocas .	3.8°S	33.1°	105	6.6
Ascension	7.9°	14.4°	45	6.3
St. Helena	15.9°	5.7°	45	3.5
Trinidad u. Martin Vaz .	20.5°	29.1°	42	5.5
Tristan da Cunha . . .	37.0°	12.3°	75	0.8

Gemisch von selbständigen und Mitschwingungsgezeiten, wobei die letzteren überwiegen. Aber von wesentlichem Einfluß ist für das resultierende Gezeitenbild der große Energieverlust, den die vom Süden eindringende Gezeitenwelle an den Schelfgebieten und in den ausgedehnten Eisflächen des Arktischen Meeres erleidet.

Um das Gezeitenbild auf den weiten Flächen der Ozeane zu erhalten, hat man in neuester Zeit (*Hansen* 1949) ein anderes Verfahren eingeschlagen, das vom theoretischen Satz aus geht, daß die Gezeitenschwingungen beliebig gestalteter Meeresgebiete schon bei alleiniger Kenntnis der Küstenwerte völlig festgelegt sind. Diese Methode erfordert zu ihrer zahlenmäßigen Ausführung ziemliche Rechenarbeit, da die Werte für die Punkte eines engen Gitternetzes, das den ganzen Ozean überdeckt, aus einem großen System linearer Gleichungen berechnet werden müssen. Grundsätzlich ist diese Methode brauchbar und hat auf den Atlantischen Ozean angewandt, gute Ergebnisse erzielt. Aber sie gibt keine nähere Auskunft, wie das Gezeitenbild zustande kommt und befriedigt so nur teilweise den menschlichen Drang nach Erklärung der Erscheinungen.

6. Die Gezeiten in Flußmündungen

Die Gezeiten des offenen Meeres rufen in Flußmündungen, die sich breit gegen den Ozean öffnen, Schwingungen hervor, die auf mehr oder minder große Flußstrecken stromaufwärts den Wasserstand gezeitenmäßig auf- und niederschwanken lassen. Die Stelle, bis zu der die Gezeitenwirkung reicht, nennt man *Flutgrenze*, das Flußgebiet mit Gezeiteneinwirkung *Flußgeschwelle*. Das längste Flußgeschwelle hat wohl der Amazonenstrom; die Grenze liegt bei Obidos 850 km oberhalb der Mündung. Die in den Fluß eindringende Gezeitenwelle unterliegt gegenüber ihrer symmetrischen Form im tiefen Wasser vor der Mündung einigen charakteristischen Veränderungen, die in erster Linie durch die Abnahme der Wassertiefe, durch die dadurch bedingte größere Reibung und durch die Flußströmung bedingt werden. Die Einflüsse sind mehr hydraulischer Art und sind mehr von den gerade vorhandenen äußeren Gegebenheiten abhängig.

Die wichtigste Beobachtungstatsache betrifft die Form der Flutkurve. Gegenüber der symmetrischen Form vor der Mündung stellt sich bald eine Asymmetrie derselben ein, deren Grad stromaufwärts zunimmt. Der Wasserstand weist ein rascheres Ansteigen und langsameres Fallen auf, so daß auf die Flut eine kürzere Zeit als auf die Ebbe entfällt. Abb. 54 zeigt die Tide-Kurven der Unterweser bei niedrigem Oberwasser vor ihrem Ausbau (1879). Sie floß damals in einem breiten seichten Bette zwischen niedrigen, durch Deiche geschützten Ufern. Damals hatte die Weser ausgeprägte Flußtiden. Während in einem geschlossenen Kanal

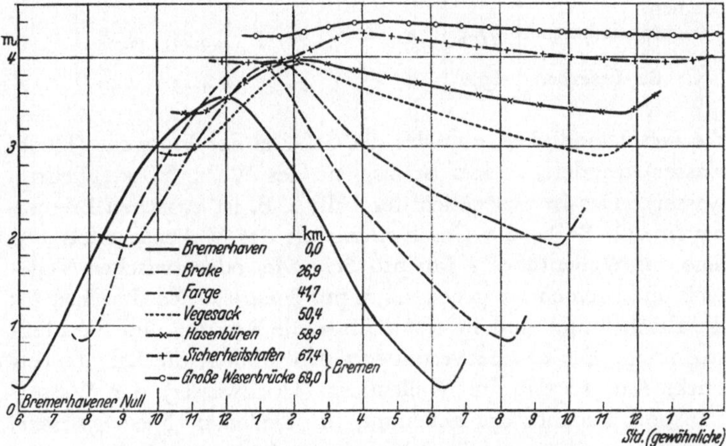

Abb. 54. Tidekurven der Unterweser bei niedrigem Oberwasser (1879) vor ihrem Ausbau. Nach *Franzius*.

der Tidenhub bis an dessen Ende zunimmt, nimmt er in einem Fluß flußaufwärts stark ab, und erlischt an der Flußgrenze, bald oberhalb Bremen (siehe die *Tabelle*).

Die Zeit des Ansteigens des Wasserspiegels nimmt von fast 6 Stunden auf fast 3 Stunden oberhalb Bremen ab, gleichzeitig steigt die Dauer des Fallens von 6 Stunden auf über 9 Stunden an. Die Symmetrie der Flutkurve geht dabei selbstverständlich verloren. Die Schwingung ist nicht mehr regelmäßig: Im Flutschenkel steigt das Wasser rasch an, bald nach Hochwasser sinkt es ganz gleichmäßig ab, etwa so wie wenn sich ein mit Wasser gefülltes Becken entleert. Diese flußaufwärts zunehmende Asymmetrie kommt dann zustande, wenn innerhalb des Flußgeschwelles

Tabelle 7. *Die Gezeiten der Weser vor ihrem Ausbau.*

| Ort | km | Dauer des | | | | Höhe des | | Tidenhub |
| | | Steigens | | Fallens | | Nd.-Wass. | H.-Wass. | |
		Std.	Min.	Std.	Min.	m	m	m
Bremerhaven . .	0.0	5	57	6	28	0.26	3.56	3.30
Brake	26.9	5	1	7	24	0.81	3.96	3.15
Farge	41.7	4	17	8	8	1.90	3.94	2.04
Vegesack	50.4	3	32	8	53	2.91	3.93	1.02
Hasenbüren . . .	58.9	3	5	9	20	3.37	3.96	0.59
Bremen								
Sicherheitshafen	67.4	3	2	9	23	3.95	4.28	0.33
Bremen								
Große Weserbr.	69.0	2	58	9	27	4.23	4.40	0.17

die Geschwindigkeit, mit der der Scheitel der Flutwelle (Hochwasser) wandert, anders ist als jene des Wellenfußes (Niedrigwasser). Das ist tatsächlich der Fall; z. B. ist zwischen Bremerhaven und Brake die Geschwindigkeit des Wellenscheitels 9.5, jene des Wellenfußes 4.3 m pro Sekunde, oder zwischen Vegesack und Bremen 2.7 gegen 1.8 m pro Sekunde. Die Ursachen für die Erscheinung sind in erster Linie die Reibung und die Flußströmung. Die erstere vermindert den Abfluß, die letztere verstärkt ihn, so daß im Wellenberg (Hochwasser) der Wassertransport flußaufwärts gehemmt, im Wellental (Niedrigwasser) der Wassertransport flußabwärts aber gefördert wird. Dieses ungleiche Verhalten der Tidenströme im Fluß äußert sich in einer wesentlich größeren Steilheit der Flutkurve im Ansteigeast. Der Flutstrom ist nahe der Mündung im allgemeinen stärker als der Ebbestrom, und kentert bald nach Hochwasser, aber je weiter stromaufwärts wird die Zeitdifferenz immer größer. Hier macht sich dann das normale Gefälle des Flusses bemerkbar. In der Weser ist oberhalb Vegesack fast kein Flutstrom vorhanden (nur 0.2 m pro Sekunde), während der Ebbestrom noch eine Stärke von 0.7 m pro Sekunde hat.

In sehr vielen Flußläufen steigert sich die Änderung des Wellenprofils der in den Fluß eindringenden Tidenwelle so sehr, daß es zur *Flutbrandung* kommt. Die Flut nimmt die Form einer *Sprungwelle* an und wird *Bore* genannt (engl. bore, franz. mascaret). Ein Wasserschwall mit mauerartig steiler Front wandert in der ganzen Flutbreite flußaufwärts. Diese auffallende Erscheinung ist charakteristisch für alle trichterförmigen, ziemlich gleichmäßig sich verjüngenden, bei Niedrigwasser seichten Flußläufe. In den größeren deutschen Flüssen tritt die Bore nicht auf; auf der Ems soll sie vor ihrer Regulierung vorgekommen sein. In den französischen Flußgeschwellen ist sie häufig, z. B. in der Seine, in der Orne und Gironde, aber z. B. nicht in der Loire. In englischen

Abb. 55. Bore auf dem Tsien-tang.

Flüssen tritt sie im Severn und Trent auf. Mächtig ist sie entwickelt im Petit Codiac-Fluß am Nordende der Fundybay (Neubraunschweig, Nordamerika), dann besonders im Amazonenstrom, wo sie (genannt Pororoca) zeitweise den Fluß unpassierbar macht. Sie erscheint von den Uferdeichen aus gesehen als ein mehrere Kilometer langer Wasserfall von bis zu 5 m Höhe, der mit Geschwindigkeiten von 12 Knoten (6.5 m pro Sekunde) stromaufwärts wandert. Sein Brausen ist noch in einer Entfernung von 22 km zu hören. Abb. 55 gibt das Bild einer Bore auf dem Tsien-tang in Südchina, wo sie gelegentlich 8 m erreicht haben soll. Es läßt sich leicht einsehen, daß die Steigerung der Asymmetrie im Wellenprofil der Flußtiden schließlich zur Ausbildung einer Bore führen muß. Der Vorderabhang der Welle wird dann nahezu senkrecht und der Vorübergang dieser Stufe äußert sich in einer nahezu plötzlichen Änderung des Wasserstandes. Die gehobenen Wassermassen bewegen sich rasch vorwärts, überholen und überfluten fortwährend die seichten Wassermassen vor der Front. Die Tidenwelle hat die Brandungsform angenommen und steht dann einem fortschreitendem Wirbel mit horizontaler Achse näher als einer periodischen Schwankung des Wasserspiegels. Die Bore hat so eine Ähnlichkeit mit den Erscheinungen, die sich einstellen, wenn eine in einem Kanal aufgestaute Wassermasse frei wird und den Kanal in Form eines Schwalles abläuft.

Erscheinungen ähnlich der Bore sind nicht unbedingt an Flußläufe gebunden. Es ist wahrscheinlich, daß die in den Prielen der deutschen Wattenmeere nach Niedrigwasser boreartigen, raschen Anstiege des Wasserspiegels auf ähnliche Ursachen zurückzuführen sind. Auch in seichten Meeresstraßen kann die verschiedenartige Ausbildung der Gezeit an beiden Mündungen ähnliche Erscheinungen hervorrufen; so sind z. B. die auffallenden Strom- und Wirbelbildungen in der Straße von Messina (Scilla und Charybdis) darauf zurückzuführen.

VI. Interne Wellen und interne Gezeiten

Die Wassermassen der Meere sind nicht homogen, d. h. sie sind nicht derselben Beschaffenheit von der Oberfläche bis zum Boden. Dies ist die Folge der verschiedenen Temperatur und des verschiedenen Salzgehalts, die sie in den verschiedenen Tiefen aufweisen und die ihre Dichte (ihr spezifisches Gewicht) ändern. Wärmeres und salzarmes Wasser ist leichter als kälteres und salzreicheres; es nimmt deshalb im allgemeinen die obersten Meeresschichten ein. Oft kommt es vor, daß eine leichte Deckschichte über schwerem Wasser der Tiefe liegt und daß der Übergang von der einen Wasserart zur anderen in der Dichte fast sprunghaft vor sich geht *(Sprungschichte)*. Im allgemeinen nimmt die Dichte stetig mit der Tiefe zu; aber es gibt allenthalben Verstärkungen des vertikalen Dichtegefälles, die schwach ausgebildeten Sprungschichten entsprechen. In solchem *geschichteten Wasser* sind Wellen anderer Art möglich, als sie bisher besprochen wurden. In diesen letzteren äußern sie sich im wesentlichen in senkrechten

Schwankungen der Wasseroberfläche *(Oberflächenwellen)*. Bei den Wellen der neueren Art treten hingegen die größten senkrechten Verlagerungen der Wasserteilchen an der Grenzschichte zwischen einem leichteren Ober- und einem schwereren Unterwasser auf, während die Wasseroberfläche selbst dabei fast völlig eben, also ungestört bleibt. Gerade dieser letztere Umstand ließ diese *inneren Wellen*, die ihre größte Entfaltung an der Grenzschichte der beiden Wasserarten haben, der Aufmerksamkeit der Beobachter entgehen, da man an der Wasseroberfläche davon gar nichts sieht. Sie lassen sich nur nachweisen, wenn man zeitlich rasch aufeinanderfolgende Serienmessungen der Temperatur und des Salzgehaltes in den verschiedenen Tiefen ausführt und, da die senkrechten Verlagerungen der Wassermassen in der Sprungschichte am stärksten sind, wird es gut sein, die Beobachtungen auf die Umgebung dieser Schichte stärksten Dichtegefälles zu konzentrieren. Die zeitlichen Schwankungen der Temperatur und des Salzgehaltes verraten dann das Vorhandensein solcher interner Wellen und man kann aus ihnen die Amplitude und die Phase (Eintrittszeit der maximalen vertikalen Verlagerung) derselben ermitteln.

Daß es innere Wellen im Ozean gibt, ergaben schon die ersten längeren Serienmessungen, die im Ozean von einem festen Punkt (von einem verankerten Schiff) aus ausgeführt wurden. Die Wellen folgen zumeist meteorologischen Einflüssen, haben aber oft Gezeitenperioden, so daß anzunehmen ist, daß die fluterzeugenden Kräfte bei ihrer Ausbildung im Spiele sind. Zuerst hat wohl *Otto Pettersson* beim Studium des Wasseraustausches zwischen der Ostsee und dem Kattegat solche interne Wellen mit halbtägiger Gezeitenperiode an den in diesem Übergangsgebiet besonders gut entwickelten Sprungschichten nachgewiesen. Er hat in sinnreicher Weise auch direkte Aufzeichnungen solcher *interner Gezeiten* erhalten können, indem die Vertikalverlagerungen eines in der Sprungschichte schwebend erhaltenen Körpers registriert wurden. Abb. 56 gibt solche Aufzeichnungen für 5 Tage, die deutlich Halbtagstiden zeigen. Die Amplitude dieser inneren Gezeiten ist gelegentlich sehr groß, 5 m und mehr, also ein vielfaches der schwach entwickelten Gezeiten an der Wasseroberfläche, wo in den Häfen des Kattegats der Tidenhub 30 cm selten überschreitet. Aber auch im freien Ozean sind bei Ankerstationen auf tiefem Wasser solche interne Wellen gefunden worden. Allerdings ist die Durchführung solcher Ankerstationen recht schwierig und nur Expeditionsschiffe vermögen tagelang in ein- oder

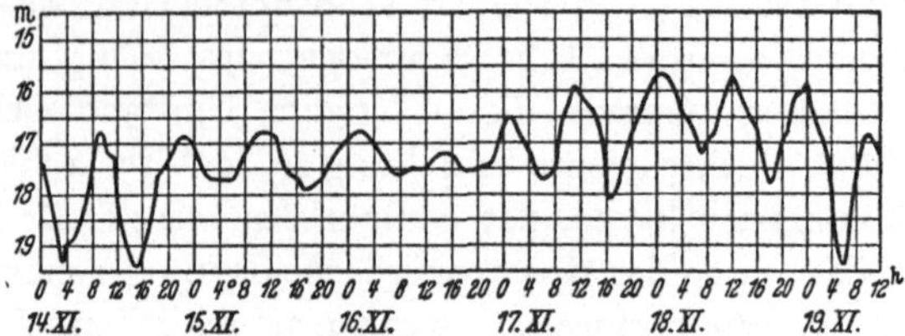

Abb. 56. Aufzeichnung der inneren Gezeiten im Kattegatt. Nach *Kullenberg*.

halbstündigem Intervall aufeinanderfolgende Serienmessungen durchzuführen; aber nur durch sie erhält man die kurzperiodischen Schwankungen der ozeanographischen Faktoren (Temperatur und Salzgehalt), die mit den internen Wellen gekoppelt sind. Namentlich die „Meteor"-Expedition (1924/27) hat solches Beobachtungsmaterial gesammelt und Abb. 57 gibt die Verhältnisse auf der Ankerstation 254 im westlichen äquatorialen Atlantischen Ozean, auf der in zweistündigem Intervall 23 Wiederholungsserien bis 200 m Tiefe gewonnen wurden. In 100 m Tiefe war hier eine ausgesprochene Sprungschichte der Dichte vorhanden. Die leichte Deckschichte war fast homogen, darunter nur mit schwachem Übergang das schwerere Tiefenwasser. Die Abbildung zeigt den zeitlichen Verlauf der Temperatur in mehreren Tiefen. Wenn man von einer Störung um Mitternacht vom 31. I. auf

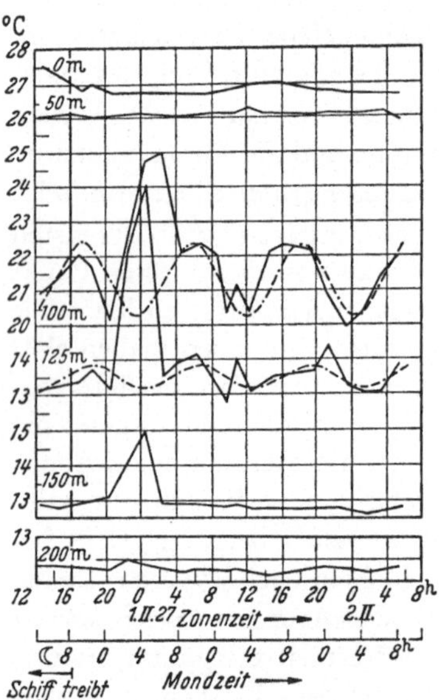

Abb. 57. Zeitliche Änderungen der Temperatur in verschiedenen Tiefen auf der Ankerstation des „Meteor" Nr. 254 (31. Januar bis 2. Februar 1927); 2° 27′S, 34° 57′W. (Wassertiefe 3910 m). Die gestrichelte Kurve ist die Hauptmondtide mit 12,4 St. Periode.

98

den 1. II. absieht, zeigt sich im Bereich der Sprungschicht in 100 m
Tiefe eine Welle der Periode von 12.3 Stunden, d. i. die halbtägige
Mondtide. Die Deckschichte bleibt dabei nahezu ungestört, auch
darunter (in 150 m Tiefe) ist die Schwankung kaum feststellbar.
Dasselbe zeigen die Änderungen der Salzgehaltswerte. Ohne
Zweifel hat man es hier mit einer *inneren Gezeitenwelle* zu tun; ihre
mittlere Amplitude war 3.6 m, ihre Phase 4.3 Mondstunden (nach
Meridiandurchgang des Mondes in Greenwich).

Solche interne Wellen an Sprungschichten werden sehr leicht
erregt, da in ihnen schweres Wasser gegen leichteres Wasser
wellenartig verschoben wird, während in den Oberflächenwellen
eine Verlagerung des schweren Wassers gegen die darüberliegende
Luft erfolgt, was wesentlich mehr Energie benötigt. Bei den
inneren Wellen ist außerdem die Fortpflanzungsgeschwindigkeit
längs der Sprungschichte sehr klein gegenüber jener der Ober-
flächenwelle, so daß sie vielmehr Zeit zum Zurücklegen einer
Strecke benötigen. *J. E. Fjeldstad* hat in einem norwegischen
Fjord durch 88 stündige Messungen der Temperatur und des
Salzgehaltes, sowie gleichzeitiger Strommessungen an mehreren
Stationen die internen Wellen und ihre Wanderung längs des
Fjordes untersucht. Die Fortpflanzungsgeschwindigkeit der läng-
sten Welle betrug hier 63 cm/sec und das ganze System dieser internen Wellen spielte sich so gesetzmäßig ab, daß man es theoretisch erfassen konnte. Es zeigte sich dabei eine völlige Übereinstimmung mit den Beobachtungen nicht allein in bezug auf
die vertikalen Verlagerungen der Sprungschichte, sondern auch
in bezug auf die bei diesen inneren Wellen notwendigerweise auftretenden Strömungen. Es besteht kein Zweifel, daß interne
Wellen von Gezeitencharakter im freien Ozean stets vorhanden
sind und daß sich diese nach eigenen Gesetzen entwickeln und
ausbreiten. Daß diese Ausbreitung anders ausfallen muß als bei der
Oberflächengezeit, folgt schon aus ihren wesentlich verschiedenen
Fortpflanzungsgeschwindigkeiten. Wir wissen noch sehr wenig über
diese inneren Gezeiten der Ozeane, da das Beobachtungsmaterial
noch sehr spärlich ist und eine Sammlung solcher Beobachtungen
naturgemäß recht schwierig, langwierig und kostspielig ist.

Wenn ein mehr oder minder großes Meeresgebiet mit einer
gegebenen Temperatur- und Salzgehaltsverteilung sich in

Gleichgewicht mit den vorhandenen Stromverhältnissen befindet, so würde es in diesem Zustand lange Zeit verharren können, ohne daß sich etwas ändert. Wird es aber durch irgend welche äußere Umstände (etwa rasche Luftdruck- und Windänderungen an der Meeresoberfläche) in seinen Verhältnissen gestört, dann strebt es nach Aufhören der Störung wieder dem früheren Gleichgewicht zu. Dies erfolgt aber nicht einfach dadurch, daß es allmählich sich wieder diesem Gleichgewichtszustand nähert, sondern in Form mehr oder minder großen Schwankungen (Schwingungen) um die schließliche Gleichgewichtslage. Die Amplitude dieser Schwingungen wird von der Stärke der ursprünglichen Störung abhängen; aber wir wissen (siehe S. 55), daß ihre Periode von den Dimensionen des schwingenden Systems, also des Meeresgebietes, das von der Störung erfaßt wurde, abhängt. Es ist die *Eigenperiode* des Systems, die hier in Frage kommt. Wenn im betrachteten Meeresgebiet eine gut entwickelte Sprungschichte vorhanden ist, bilden sich auf diese Weise interne Schwingungen aus, die lange anhalten können, und nur langsam durch Reibungseinflüsse ausklingen. Aber diese ganze Vorgang, der sich im Ozean gar nicht selten einstellen dürfte, spielt sich auf der Erde ab, die sich täglich einmal um ihre Achse dreht. Die ablenkende Kraft der Erddrehung (S. 66) greift in die Wasserverschiebungen, die mit den internen Schwingungen verknüpft sind, ein und vermag die Schwingungsdauer (Periode) wesentlich zu ändern. Wenn das schwingende Meeresgebiet groß genug ist, wird seine Periode jene der *Trägheitsschwingungen* sein. Das sind Schwingungen, die von der Größe der ablenkenden Kraft der Erddrehung abhängen; ihre Periode ist am Pol 12 Stunden und nimmt äquatorwärts zu, um am Äquator sehr groß zu werden (Pol: 12 Stunden, 60° Br.: 13.9 Stunden, 30° Br.: 24 Stunden, 5° Br.: 138 Stunden).

Neben den internen Gezeitenwellen dürften in den Ozeanen auch solche interne Trägheitsschwingungen als Ausfluß der Störungen der Sprungschichten auftreten und man erkennt, daß die Verhältnisse dadurch sehr verworren werden können. In seltenen Fällen reicht das Beobachtungsmaterial von Ankerstationen aus, um sie völlig zu entwirren. Bei der Internationalen Golfstromunternehmung Juni 1938 hat das deutsche Forschungsschiff „Altair" im Stromstrich des Golfstromes nördlich der Azoren

eine fast 4 tägige Ankerstation mit Temperatur- und Salzgehalts-
messungen bis über 1000 m Tiefe und entsprechenden Strommessungen ausgeführt. Die Beobachtungen ergaben in klarer
Weise das Vorhandensein von internen Gezeitenwellen halbtägiger
Periode an der gut entwickelten Sprungschicht, dann aber auch
das Vorhandensein von Trägheitsschwingungen mit einer Periode
von rund 17 Stunden. Sie entspricht genau der geographischen
Breite der Station (44°33′ N Br.). Die aufgetretenen Schwankungen
der Temperatur und des Salzgehaltes als Folge dieser Wellen
müssen sich als Überlagerung dieser Wellen ergeben und dies ist

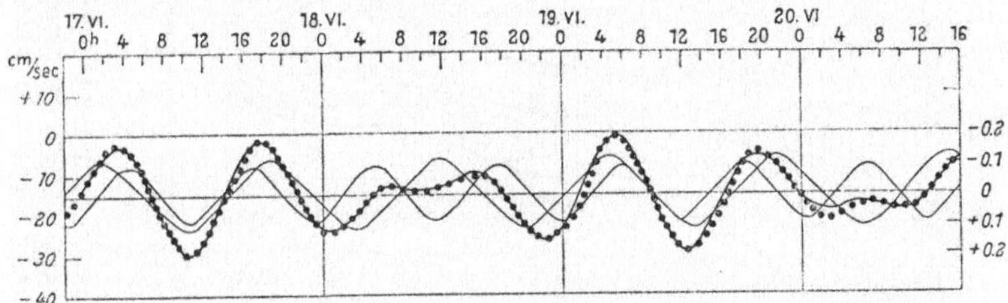

Abb. 58. 1. Temperaturänderungen in der Schicht 25 bis 75 m Tiefe
bestimmt aus der Überlagerung der Trägheitswelle und der halbtägigen
Gezeit (ausgezogene Kurven). (Die Skala ist bei der Temperaturwelle
verkehrt, so daß ein Verlauf nach unten Temperaturzunahme, ein Verlauf nach oben Temperaturabnahme bedeuten). 2. Die Ostkomponente
des Stromes (Grundströmung + Trägheitswelle und halbtägige Gezeit):
durch Punkte angedeutete Kurve.

in geradezu erstaunlicher Weise tatsächlich der Fall. Abb. 58
gibt für den Zeitraum der Verankerung die mittleren Temperaturänderungen in der Schichte von 25 bis 75 m Tiefe, die der Sitz der
Sprungschichte der Dichte war. Sie sind die Überlagerung der
zwei Wellen, die vorhanden sind: der halbtägigen Gezeit (Periode
12.3 Stunden) und der Trägheitswelle (Periode 17.1 Stunden).
Die beiden dünn ausgezogenen Kurven geben diese Wellen, die
dick ausgezogenen Kurve ist ihre Überlagerung. Die durch die
Punkte angedeutete Kurve stellt den Strom dar, der durch die
Strommessungen beobachtet wurde, nachdem die unregelmäßigen
Störungen in geeigneter Weise ausgemerzt wurden. Die Kurve
der Temperaturänderungen und jene der Stromschwankungen
decken sich vollständig. Ein besserer Beweis für das gesetzmäßige
Verhalten der internen Wellen läßt sich kaum geben.

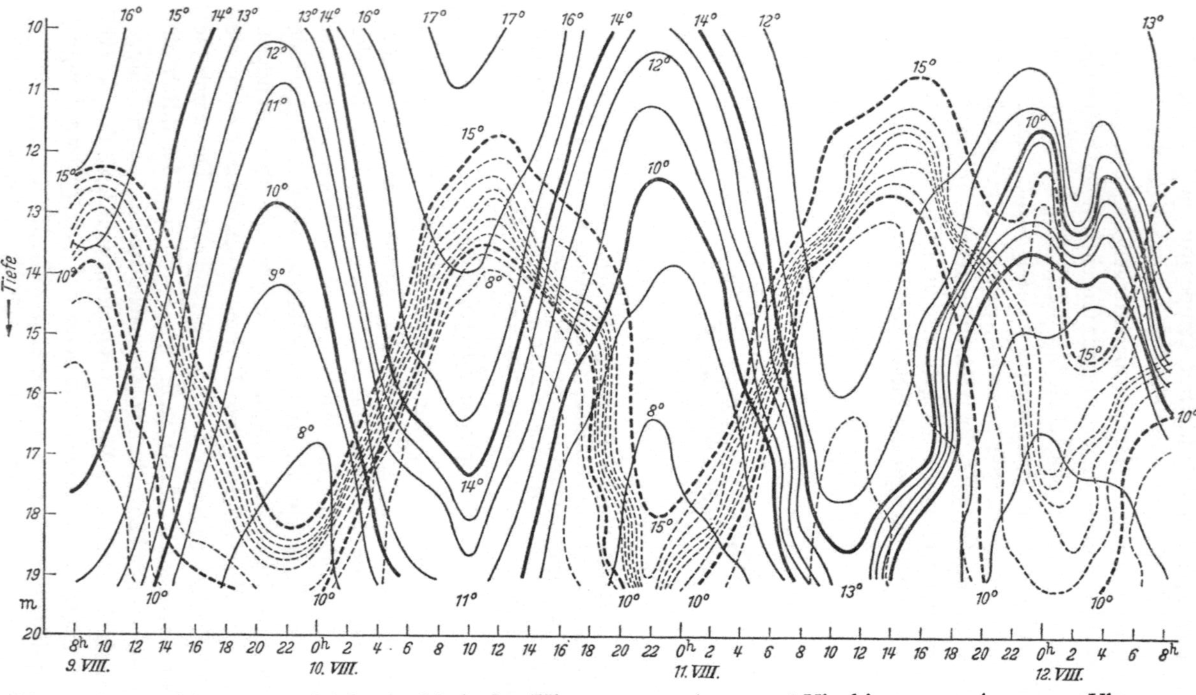

Abb. 59. Interne Temperatur-Seiches im Madü-See (Hinterpommern) vom 9. 8 Uhr bis zum 11. August 20 Uhr 1909. Ausgezogene Kurven: Isothermenverlauf für eine Station am Nordende des Sees; gestrichelte Kurven: Isothermenverlauf für eine Station am Südende des Sees.

Daß es auch in ganz oder nur teilweise abgeschlossenen Wassermassen (Seen, Meeresbuchten u. dgl.) interne Schwingungen geben muß, kann man erwarten, um so mehr als z. B. in Seen im Sommer die Wassermassen stark geschichtet sind und eine Sprungschichte zu dieser Jahreszeit sehr scharf entwickelt ist. Dies sind dann interne *stehende* Wellen und es handelt sich demnach hier um *interne Seiches*. Auch sie lassen sich nur durch viele, in kurzen Zeitintervallen aufeinanderfolgende Temperaturmessungen in den verschiedenen Tiefen nachweisen, weshalb es solcher Messungen sehr wenige gibt. Abb. 59 zeigt einen schönen Fall von Temperatur-Seiches, die *Halbfaß* und *Wedderburn* im Madüsee in Hinterpommern beobachtet haben. In 15 m Tiefe war zu dieser Zeit eine überaus scharfe Sprungschichte der Dichte vorhanden und in der Abbildung sind die Schwankungen der Temperatur durch den Verlauf der Linien gleicher Temperatur (Isothermen) in der Schichte zwischen 10 und 20 m Tiefe dargestellt. Die voll ausgezogenen Kurven beziehen sich auf die Temperaturänderungen an einer Station am Nordende, die gestrichelten Kurven auf jene an einer Station am Südende des langgestreckten Sees. Der völlig verkehrte Verlauf dieser beiden Kurvenscharen zeigt eindeutig, daß man es mit einer einknotigen internen Seiche von rund 6 m Schwingungsweite zu tun hat. Ihre Periode ist fast genau 25 Stunden. Aus der Mächtigkeit der Deck- und Unterschichte läßt sich theoretisch angenähert die zu erwartende Periode solcher interner Seiches berechnen und man findet in Übereinstimmung mit den Beobachtungen rund 25 Stunden. Auch von größeren Nebenmeeren, Fjorden, Buchten und Kanälen sind solche freie interne Schwingungen bekannt geworden, aber die Beobachtungen reichen noch nicht aus, um eine eingehende Übersicht darüber zu geben.

VII. Die Gezeitenschwingungen der Atmosphäre und Ionosphäre

1. Allgemeines und Nachweis derselben

Die fluterzeugenden Kräfte von Mond und Sonne wirken nicht nur auf die Wassermassen der Ozeane, sondern auch auf die Luftmassen der Atmosphäre. Es ist deshalb zu erwarten, daß es auch

Gezeiten der Lufthülle der Erde gibt und schon 1774 hat *Laplace* seine dynamische Theorie der Gezeiten auf die gasförmige Hülle der Erde angewandt. Er hat mit ihr vorausgesagt, daß die atmosphärischen Mondgezeiten und um so mehr die atmosphärischen Sonnengezeiten keine großen Ausmaße erreichen können. Dieses Ergebnis widerspricht der üblichen Ansicht, daß, wenn der Mond und die Sonne imstande seien, so bedeutende Gezeitenerscheinungen im Ozean hervorzurufen, desto mehr diese Gestirne imstande sein müßten, eine noch bedeutend größere Ebbe und Flut in den leicht beweglichen Massen der Atmosphäre zu erzwingen. Dieser Schluß ist aber nicht richtig. Denn die fluterzeugenden Kräfte sind jeweils proportional der Masse des anziehenden Gestirns, aber auch proportional der Masse des angezogenen Körpers selbst. Diese Massen verhalten sich aber bei der Volumseinheit Wasser und Luft etwa wie 1000 zu 1. Wenn man annimmt, daß die *Wirkungen* der fluterzeugenden Kräfte bei ungefähr gleicher Beweglichkeit der Massen sich wie die Größe der Kräfte verhalten, müßten die atmosphärischen Gezeiten etwa 1000 mal kleiner sein als die des Ozeans, d. h. die atmosphärische Mondflut könnte höchstens Druckänderungen von 1/27 mm Hg herbeiführen. Dabei würde eine Luftanhäufung dort am stärksten stattfinden, wo der Mond in Kulmination ist (Mondzeit 0 Uhr und 12 Uhr). Zu diesen Zeiten wäre sozusagen „Hochwasser" in der Atmosphäre, um 6 Uhr und 18 Uhr hätte man in der Atmosphäre „Niedrigwasser".

Es ist bekannt, daß es einen täglichen Gang des Luftdruckes gibt, in dem der halbtägige Anteil — also mit einer Periode von 12 Sonnenstunden — auf der ganzen Erde außerordentlich regelmäßig abläuft. In den Tropen, wo die unperiodischen Barometerschwankungen klein sind und zurücktreten, zeichnet der Barograph täglich eine regelmäßige Welle von 12 Stunden Dauer auf; die Maxima des Druckes treten um 10 Uhr vormittags und abends ein, die Minima um 4 Uhr früh und nachmittags. Die Schwankungsgröße erreicht hier etwa 2 mm Hg. Gegen die höheren geographischen Breiten nimmt diese Schwankungsgröße ab und in unseren Breiten ist die tägliche Doppelwelle des Luftdrucks völlig überdeckt von den großen unperiodischen Luftdruckänderungen, die an dem Vorübergang der Hoch- und

Tiefdruckgebiete der mittleren und höheren Breiten der Erde geknüpft sind. Nur durch Mittelbildung über längere Zeiträume und genaue Analyse läßt sich auch für diese Breiten die halbtägige Druckwelle herausschälen; *v. Hann* hat vor allem durch seine eingehenden Untersuchungen zeigen können, welch großen Gesetzmäßigkeiten diese halbtägige Luftdruckwelle unterliegt. Es gibt auch einen ganztägigen Anteil der täglichen Luftdruckschwankung, aber diese Welle tritt ganz unregelmäßig sowohl in ihren Phasen wie Amplituden auf, und hängt stark von lokalen Umständen des Beobachtungsortes ab.

Diese halbtägigen Luftdruckschwankungen können auf keinen Fall eine atmosphärische Gezeit sein, also eine der Ebbe und Flut des Meeres analoge Gravitationswirkung des Mondes bzw. der Sonne auf die Atmosphäre. Diese Wellen gehen nach Sonnenzeit, und die Eintrittszeiten der Extreme stimmen auch nicht mit dem Meridiandurchgang der Sonne überein. Wären sie eine Sonnengezeit, dann müßte ein noch viel stärkerer Einfluß des Mondes vorhanden sein. Dieser fehlt aber den Beobachtungen nach in dieser Intensität völlig. Die halbtägige Luftdruckwelle hat demnach mit atmosphärischen Gezeiten sehr wenig zu tun und dürfte in der Hauptsache eine durch die täglichen Temperaturänderungen erzwungene halbtägige Druckschwankung sein, die vielmals größer ist als die Einwirkungen der fluterzeugenden Kraft der Sonne; die kleinen atmosphärischen Sonnengezeiten werden durch die thermisch bedingten großen halbtägigen Druckwellen völlig überdeckt.

Da ein Temperatureinfluß des Mondes auf die Atmosphäre nicht besteht, ist die Möglichkeit gegeben, aus Luftdruckbeobachtungen den wirklichen Einfluß der fluterzeugenden Kraft des Mondes auf die Atmosphäre, also die atmosphärischen Mondgezeiten herauszuschälen. Da diese Mondgezeiten sehr klein sein werden, müssen zur Ausschaltung der im allgemeinen großen unperiodischen Schwankungen des Luftdruckes sehr viel Beobachtungen benützt werden. Nur durch eine Summation sehr vieler Wellen läßt sich jene Genauigkeit erzielen, die das Ergebnis gegen die Wirkung des Zufalls sichert. Namentlich *J. Bartels* und *S. Chapman* haben solche große numerische Arbeit bewältigt, um die reinen Mondgezeiten für einige Orte zu erhalten. So hat der erstere je 150000 stündliche Luftdruckwerte von 66 Jahren der Stationen Potsdam und Hamburg benützt, um für diese Orte die *lunare Schwankung* von etwas mehr als 1/100 mm Hg sicher zu stellen. In den tropischen Gebieten ist die Schwankung etwas größer; Abb. 60 gibt z. B. die halbmondtägige Luftdruckgezeit für Batavia, berechnet aus Beobachtungen von 40 Jahren. Die Amplitude (halbe Schwankungsgröße) beträgt 0.064 mm Hg und ist hier etwa 6 mal so groß als in unseren Breiten. Die Maxima des Luftdrucks treten zu den Mondstunden 0.8 Uhr und 12.8 Uhr ein,

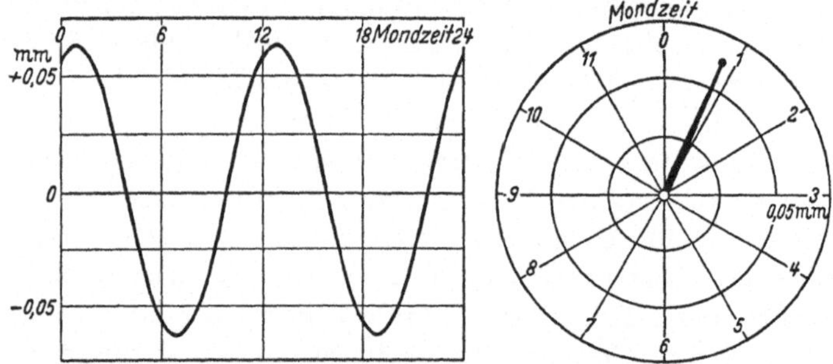

Abb. 60. Halbmondtägige Luftdruckwelle in Batavia (berechnet aus 40 Jahren Beobachtungen). Rechts: Ihre Darstellung in einer Periodenuhr (nach *J. Bartels*).

also etwas nach Meridiandurchgang des Mondes. Diese Welle kann man in einer *Periodenuhr* darstellen (Abb. 60 rechts): In einem Ziffernblatt, das am Rande wie bei einer Uhr die Zeiten angibt, ist vom Mittelpunkt aus ein Zeiger (Vektor) eingetragen, der auf die Stunde des Maximums weist; seine Länge gibt die Amplitude, d. h. die größte Abweichung vom durchschnittlichen Luftdruck. Trotz der sehr kleinen Amplitude dieser Welle ist die Regelmäßigkeit der Erscheinung sehr auffallend. Auch bei allen anderen ermittelten lunaren Schwankungen anderer Orte ist dies der Fall. Überall tritt das Maximum ziemlich genau mit dem Meridiandurchgang des Mondes ein; die Abweichungen übersteigen nirgends eine Stunde. Die größten Amplituden finden sich an äquatornahen Stationen und sie nehmen gegen die Pole zu ab. Abb. 61 gibt für 31 Orte die halbmondtägige Luftdruckwelle, dargestellt durch die Vektoren einer Periodenuhr (wie oben). Die Mitte des Zeigers gibt hier die Lage des Ortes auf der Karte. Die größte Amplitude hat Singapore mit 0.067 mm Hg. Man erkennt, daß das Maximum der Welle meistens etwas *nach* dem Meridiandurchgang des Mondes eintritt, aber die Abweichungen sind, wie gesagt, kleiner als 1 Stunde. Diese im Mittel ganz gesetzmäßige Druckwelle zeigt Schwankungen mit der Mondentfernung in einem Ausmaß, wie sie zu erwarten sind; dann aber auch jahreszeitliche Schwankungen, die noch rätselhaft sind.

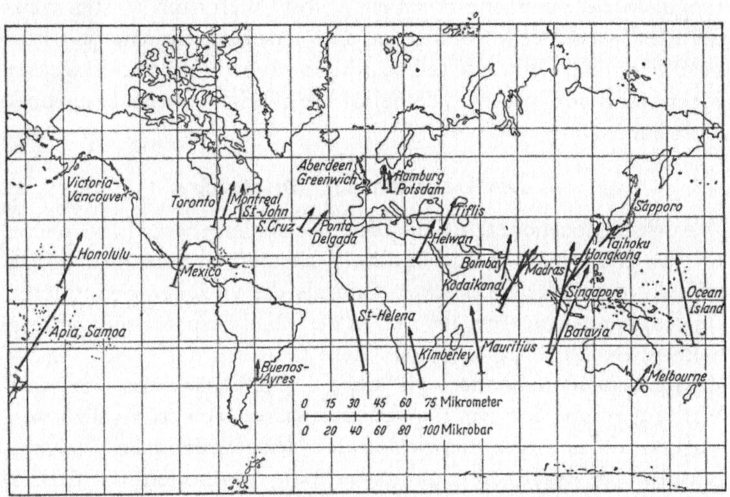

Abb. 61. Mittlere lunare Luftdruckwelle für 31 Orte, dargestellt durch Vektoren einer Periodenuhr von 12 Mondstunden. Die Mitte der Vektoren gibt die Lage des Ortes auf der Karte. Die Länge des Pfeiles ist ein Maß für die Amplitude. Die größte Amplitude hat Singapore mit 0,067 mm Hg. Ein Pfeil senkrecht nach oben würde bedeuten, daß das Maximum der Druckwelle zur Zeit des Meridiandurchganges des Mondes am Ort eintritt (nach *Chapman*).

Daß es atmosphärische Mondgezeiten gibt, steht somit außer Zweifel. Wir müssen deshalb wohl auch annehmen, daß es eine atmosphärische Gezeit geben muß, die von der Sonne herrührt. Aber es ist uns verwehrt, diese zahlenmäßig zu erfassen, da sie dieselbe Periode besitzt wie die vielmals größere Schwankung thermischen Ursprungs. Die Einwirkung der fluterzeugenden Kräfte auf die Atmosphäre erscheint so als eine relativ einfache, gesetzmäßig vor sich gehende Erscheinung einer von Osten nach

Westen wandernden Druckwelle; wir können sie zwar nicht sinnfällig sehen, wie die Ebbe und Flut des Meeres, wir können sie aber mit unseren empfindlichen Instrumenten genau erfassen. Warum die atmosphärischen Gezeiten viel einfacher als die ozeanischen sind, liegt vor allem darin, daß das Luftmeer *lückenlos* die ganze Erde bedeckt; die Atmosphäre ist seitlich unbegrenzt und nichts stört die Druckwelle in ihrer ost-westlichen Umkreisung der Erde. Die Begrenzung der Meere durch die Kontinente stört hingegen diese einfache Form einer von Osten nach Westen wandernden Wasserwelle im Ozean. Die Erscheinung löst sich hier in mehr oder minder selbständigen Schwingungen einzelner Meeresteile auf, wie wir sie beim Atlantischen Ozean kennengelernt haben.

2. Die Gezeiten der Ionosphäre

Auch in den höheren Schichten der Atmosphäre (Ionosphäre, in etwa 100 km Höhe und darüber) scheinen Gezeiten vorhanden zu sein, die vielleicht stärker sind als die Gezeiten der unteren Atmosphärenschichten, die sich in den eben besprochenen winzig kleinen Druckwellen äußern. Diese Gezeiten der hohen Atmosphärenschichten können wir nicht direkt beobachten, aber ihre Wirkungen auf den Erdmagnetismus lassen sich sehr genau verfolgen. Mit den Gezeiten sind in der Höhe horizontale Verschiebungen der durch die Sonnenstrahlung ionisierten Luftmassen verbunden. Sie sind periodischen elektrischen Strömen in diesen hohen Schichten äquivalent, bewirken am Boden Störungen des erdmagnetischen Feldes, die wir in den *erdmagnetischen Gezeiten* erkennen.

Die erdmagnetischen Schwankungen zeigen deutlich solare und lunare Variationen, d. h. man kann aus den erdmagnetischen Beobachtungen regelmäßige sonnen- und mondtägige Gänge herausschälen, die mit dem scheinbaren Umlauf der Sonne und des Mondes um die Erde zusammenhängen. Abb. 62 gibt z. B. die nach Ausschaltung der sonnentäglichen Anteile übrigbleibende mondtägige Schwankung der erdmagnetischen Deklination in Greenwich und Batavia und zeigt, wie außerordentlich regelmäßig diese Schwankungen verlaufen.

Der Schluß von den erdmagnetischen Variationen auf die sie erzeugenden elektrischen Ströme in der Ionosphäre ist eine

mathematisch-physikalische Aufgabe, die gelöst wurde (Dynamotheorie der erdmagnetischen Variationen). Man kann das System
Erdkörper—Atmosphäre—Ionosphäre als einen riesigen Stromerzeuger (Generator) auffassen. In dieser Dynamomaschine ist
die Erde der Magnet (permanenter Erdmagnetismus). In seinem
Feld vollführt die Atmosphäre als Anker Bewegungen, die einerseits durch die verschiedene Erwärmung durch die Sonne und die
Abkühlung durch Ausstrahlung, andererseits durch die fluterzeugenden Kräfte des Mondes und der Sonne erzwungen werden.
Diese thermisch bedingten Horizontalbewegungen und die im

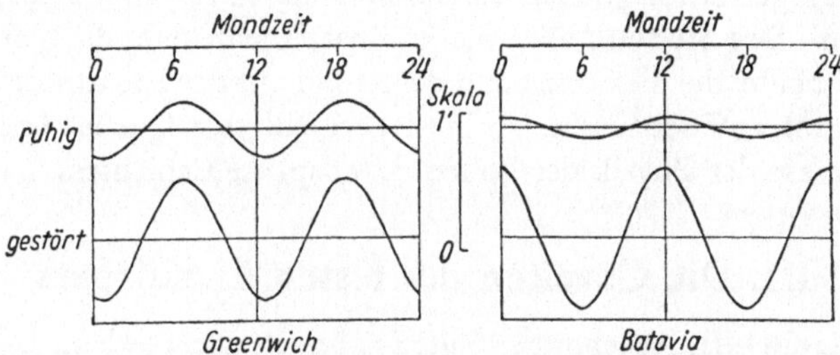

Abb. 62. Mondtägige Schwankung der erdmagnetischen Deklination in
Greenwich und Batavia an erdmagnetisch ruhigen Tagen (oben) und
gestörten Tagen (unten). Der entgegengesetzte Verlauf der Welle an
beiden Stationen folgt aus ihrer Lage auf der Nord- und Südhalbkugel
(nach *J. Bartels*).

Rhythmus eines Sonnen- und Mondtages vor sich gehenden
Hebungen und Senkungen der Atmosphäre sind wie ein „Atmen"
der Atmosphäre anzusehen. Auf dem Anker befinden sich die
aufgewickelten Leitungsdrähte, d. s. die elektrisch leitenden
Schichten der Ionosphäre. In diesen werden dadurch, daß sie sich
quer zum Magnetfeld der Erde bewegen *Foucault*sche Ströme
induziert, deren erdmagnetische Wirkung man am Boden beobachtend verfolgen kann. Die genaue Analyse dieser erdmagnetischen Schwankungen ist sehr aufschlußreich und besonders die
kleinen systematischen Änderungen, die mit dem Mond zusammenhängen (siehe Abb. 62) gehen ganz gesetzmäßig vor sich. Das
Mondlicht wirkt in der Atmosphäre ja weder erwärmend noch
ionisierend, der Mond vermag deshalb nur durch seine Gezeitenkräfte eine Ebbe und Flut und damit verknüpfte Luftmassenverschiebungen in der Ionosphäre zu erzeugen. Die erzwungenen

mondperiodischen elektrischen Ströme der Ionosphäre und damit auch die lunaren Variationen des Erdmagnetismus hängen in ihrer Stärke nur von dem Grade der elektrischen Leitfähigkeit der ionosphärischen Schichten ab; diese wird aber durch die ionisierende Sonnenstrahlung bewirkt. So lassen sich Schlüsse von den erdmagnetischen Gezeiten auf die Stärke der Ionisierung der höheren Luftschichten durch die ultraviolette Sonnenstrahlung (Wellenstrahlung) ziehen. Da diese Wellenstrahlung vom Sonnenfleckenminimum zum Sonnenfleckenmaximum stark ansteigt, müssen, wie die Beobachtungen es auch zeigen, die sonnen- und mondtägigen erdmagnetischen Gezeiten diese Schwankungen mitmachen. Das Studium aller dieser Zusammenhänge, die man als Experimente, die die Sonne und der Mond mit der Erdatmosphäre vornimmt, auffassen kann, ist eine der ergiebigsten Quellen unserer Kenntnisse der Physik der hohen Atmosphärenschichten.

VIII. Die Gezeiten des festen Erdkörpers

In Kapitel III, Abschnitt 2 (Seite 27) ist gezeigt worden, daß ein experimenteller Nachweis der Existenz der fluterzeugenden Kräfte von Mond und Sonne durch geeignete Messungen mittels Horizontalpendeln und Gravimetern möglich ist. Es ist dort auch besprochen worden, wie die Ergebnisse dieser Messungen dazu dienen, den Nachweis zu erbringen, daß auch eine Ebbe und Flut des festen Erdkörpers vorhanden ist. Wenn die Erde und damit auch die Unterlage, auf die unsere Instrumente stehen, *vollkommen starr* (unbeweglich) ist, können die fluterzeugenden Kräfte *keine Einwirkung* auf die äußere Gestalt der Erde ausüben. Die Form und Neigung der Unterlagen der Instrumente bleibt stets dieselbe und von dieser unverrückbaren Ebene aus läßt sich einerseits die Einwirkung der horizontalen Komponente der fluterzeugenden Kräfte auf ein Horizontalpendel, das in seiner Ruhelage die Lotrichtung angibt, messend verfolgen; andererseits gibt das Gravimeter die winzigen Änderungen des Gewichtes eines kleinen Körpers, die durch die vertikale Komponente dieser Gezeitenkräfte bedingt sind. Die Beobachtungsergebnisse müssen in diesem Fall vollständig jene Werte haben, die man theoretisch genau aus dem System der fluterzeugenden Kräfte berechnen kann.

Bezeichnet man die beobachtbaren Veränderungen der Lotrichtung und der Schwerintensität als „Gezeiten", dann müssen im Fall einer vollkommen starren Erde die von den Apparaten aufgezeichneten „Gezeiten" mit den theoretisch errechneten völlig übereinstimmen. Würde hingegen die Erde den Gezeitenkräften gegenüber *völlig nachgiebig* sein, dann würden die Instrumente gar keine Schwankungen aufzeichnen. Im ersteren Fall gäbe es keine Gezeiten der festen Erde, im zweiten Fall würde sie Gezeiten haben, die völlig den theoretischen entsprechen.

Die zahlreichen Messungen an Horizontalpendeln und Gravimetern haben gezeigt (siehe S. 29 bis 33), daß es sowohl Gezeitenschwankungen in der Horizontalen wie auch in der vertikalen Komponente der fluterzeugenden Kräfte gibt. Im allgemeinen sind die maximalen Beträge dieser Schwankungen aber kleiner als die theoretisch geforderten; auch kleine Abweichungen in der Eintrittszeit der Maxima gegenüber dem theoretischen Wert kommen vor. Es gibt also Gezeiten der festen Erdkruste und diese gibt, wenn auch zu einem geringen Grade, den fluterzeugenden Kräften etwas nach. Wir sahen, daß bei den Stationen Marburg a. L. und Freiberg i. Sa. die Größe der Lotabweichungen (siehe S. 30, 32) nur etwa $^2/_3$ des theoretischen Betrages erreicht und daß dasselbe auch aus den Messungen der Schwerkraftschwankungen in Marburg und Berchtesgaden gefolgert werden konnte. Tabelle 8 gibt eine kleine Zusammenstellung neuerer Lotabweichungsbeobachtungen; man findet als wahrscheinlichsten Wert für das Verhältnis der beobachteten Lotabweichung zu der bei starrer Erde theoretisch erwarteten 0.69. Die Erdkruste verhält sich somit gegenüber den fluterzeugenden Kräften des Mondes und der Sonne wie ein plastischer Körper und man kann direkt aus der ermittelten Größe des Verhältnisses auf die Starrheit der festen Erdkruste schließen. Sie ergibt sich von der Größenordnung des Stahls, so daß man annehmen kann, daß die Erde sich den Gezeitenkräften gegenüber so verhält, wie etwa eine gleich große Kugel aus Stahl.

Die halbtägige Mondwelle der festen Erdkruste dürfte nach den Messungsergebnissen von *Tomaschek* in Marburg a. L. eine Amplitude von etwa $^1/_2$ m haben, so daß sich dort die Erdoberfläche zweimal am Tage um diesen Betrag hebt und senkt. Wir können

Tabelle 8. *Ergebnisse der Lotschwankungsbeobachtungen.*

Instrument	Beobachter	Ort	Zeit	Gezeiten-tide	Komponente	Verhältnis d. beobachteten zur theoretisch. Schwankungsgröße
Horizontalpendel	*Schweydar*	Freiberg	1910—1915	M_2	Nord	0.54
				M_2	Ost	0.61
Horizontalpendel	*Schaffernicht*	Marburg	1934	M_2	Nord	0.65
				M_2	Ost	0.87
Horizontalpendel	*Gnass*	Berchtesgaden	1937	M_2	Nord	0.53
				M_2	Ost	0.74
Horizontal-Doppelpendel	*Lettau*	Collm-Leipzig	1936	M_2	Ost	0.58
		Berchtesgaden	1938	M_2	Nord	0.40
Niveauvariometer	*Egedal* u. *Fjeldstad*	Bergen (Norweg.)	1934	M_2	Nordost	0.58

dies natürlich nicht wahrnehmen, weil auch die nahe und fernere Umgebung an diesen Bewegungen teilnimmt und so kein Fixpunkt vorhanden ist, an dem man diese Verschiebungen feststellen kann.

In neuerer Zeit hat *Eckhardt* mittels äußerst genauer Gravimeter an mehreren Stationen in verschiedener geographischer Breite die gleichzeitigen Gezeitenschwankungen der Schwerebeschleunigung feststellen lassen. Abb. 63 gibt die Beobachtungen für eine Anzahl Stationen vom 31. März bis 3. April 1939 in graphischer Form. Man kann ihr entnehmen, daß die beobachteten Gezeitenschwankungen der Schwere recht regelmäßig verlaufen, aber hier die beobachtete Schwankungsgröße meistens größer als die theoretische ist.

Es gibt noch eine Methode zur Bestimmung der Deformationen der Erdkruste durch die Gezeitenkräfte. Die Gezeiten des Meeres werden zumeist — auch wir haben dies in den früheren Kapiteln stets getan — von der Annahme aus betrachtet, daß der Meeresboden unbeweglich sei, die Erde also absolut starr wäre. Dann schreiben die Wasserpegel die tatsächlichen, durch die Gezeitenkräfte erzwungenen Wasserstandsänderungen auf. Wenn aber der Meeresboden selbst unter Einwirkung der

Gezeitenkräfte sich hebt und senkt, wenn es Gezeiten der festen Erdkruste gibt, dann schreiben die Wasserpegel nun nicht mehr die
wahren Wasserstandsschwankungen auf, sondern die Unterschiede

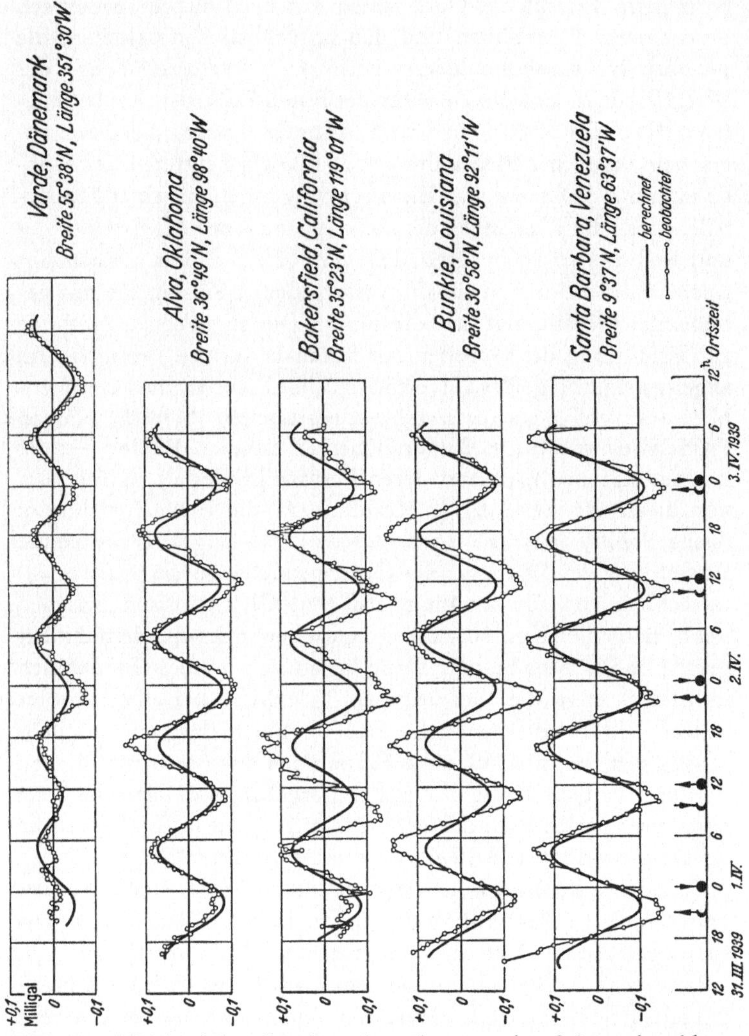

Abb. 63. Gleichzeitige Gezeitenschwankungen der Schwerebeschleunigung an 5 Orten (31. März bis 3. April 1939) mit Gulf-Gravimetern
(nach *E. A. Eckhardt*).

zwischen diesen und der vertikalen Verschiebung des Meeresbodens. Kann man die wahren, also bei absolut starrer Erde auftretenden Gezeiten für einen Küstenort auf theoretischem Wege genügend genau berechnen, so gibt der Unterschied zwischen diesen theoretisch berechneten Tidenhüben und den tatsächlich beobachteten, die gleichzeitig stattgefundenen vertikalen Verschiebungen des Meeresbodens, also die Gezeiten der festen Erdkruste am betrachteten Ort. Im allgemeinen sind, wie wir wissen, die Gezeitenerscheinungen der Meere durch das Dazwischentreten der Kontinente, das Auftreten von Eigenschwingungen einzelner Meeresteile, durch die Wirkungen der ablenkenden Kraft der Erddrehung und Reibung so kompliziert und verworren, daß es aussichtslos erscheint, die Gezeiten für die verschiedenen Küstenorte mit genügender Genauigkeit zu berechnen. Die angegebene Methode zur Ermittlung der Gezeiten der festen Erdkruste versagt so im allgemeinen infolge des Unvermögens, die theoretischen Gezeitenhübe (bei völlig starrer Erde) zu bestimmen. Nur bei einigen Partialtiden ist dies mit einiger Sicherheit möglich. Es sind dies die langperiodischen Gezeiten, deren Periode größer als 14 Tage ist; von diesen ist die 14tägige Mondtide M_f die weitaus wichtigste (siehe Tab. 1, Seite 42). Ihre Periode ist so lang, daß für sie die Ausbildung der Flutberge der Gleichgewichtstheorie (siehe S. 34) tatsächlich zustande kommt, so daß stets Gleichgewicht zwischen der horizontalen Komponente der Gezeitenkräfte und dem Druckgefälle im Flutberg besteht. Dann lassen sich für diese Partialtiden in aller Strenge die theoretischen Tidenhübe bei einer absolut starren Erdkruste berechnen. Der Vergleich mit den Gezeitenamplituden, die sich für diese Partialtiden aus der harmonischen Analyse der Gezeitenbeobachtungen ergaben, läßt dann die oben erwähnten Schlüsse auf die Gezeiten der Erdfeste zu. So hat für die 14tägige Mondwelle M_f *Thomson* als Mittel aus langjährigen Reihen für ausgewählte ozeanische Pegelstationen für das Verhältnis der beobachteten Tidenhübe zu den theoretischen 0.68, *Schweydar* aus umfangreicherem Material 0.66 erhalten. Diese Werte stehen in befriedigender Übereinstimmung mit den Ergebnissen aus Horizontalpendelmessungen. *Proudman* und *Grace* haben übrigens neuerdings zeigen können, daß die hydrodynamische Theorie der Gezeiten kleinerer Nebenmeere (Rotes Meer, Meerbusen von

Suez) und größerer Seen (Baikalsee) für die Hauptmondtide M_2 genügend weit entwickelt ist, um von Unterschied der wirklichen (beobachteten) Gezeiten in diesen Gewässern gegenüber den theoretisch erwarteten auf die Gezeiten des Untergrundes zu schließen. Die wenigen Versuche, die in dieser Richtung vorliegen, scheinen recht gute Werte zu liefern (Rotes Meer 0.75, Baikalsee 0.73, Meerbusen von Suez 0.67).

Die in den letzten Jahrzehnten durch die Fortschritte der Meßtechnik erleichterten Beobachtungen mit Horizontalpendeln und Gravimetern haben an vielen Orten Schwankungen der Unterlage, also der Erdkruste größeren Ausmaßes ergeben. Vor allem zeigt sich, daß häufig eine große tägliche Periode in der Ost-West-Ebene vorhanden ist, die auf die tägliche Erwärmung und Abkühlung des Erdbodens zurückzuführen ist. Auch eine jährliche und säkulare Änderung sind vorhanden, so daß es langwieriger Analysen des Beobachtungsmaterials bedarf, um die Gezeiten der Erdkruste rein zu erhalten. Die scheinbar feste Erdkruste ist eben bis zu einem gewissen Grade plastisch und reagiert in elastischen Deformationen, wenn sie unter wechselnde Belastung kommt. Besonders groß sind solche Störungen in Küstennähe. Wenn die Flut an der Küste steigt und fällt, werden viele Millionen Tonnen Wasser abwechselnd auf das Küstengebiet geworfen und dann von ihm entfernt. Schon durch die Anziehung des Meerwassers, das sich der Küste bei Hochwasser genähert hat, und bei Niedrigwasser von ihr entfernt, müßte ein in Küstennähe aufgestelltes Horizontalpendel periodische Schwankungen zeigen. Aber noch vielmals größer als diese Störungen sind die Neigungen des Untergrundes infolge der wechselnden Belastung der durch die Flut heran- und wieder weggeführten Wassermassen. Alle diese Neigungen werden von den Horizontalpendeln getreu verzeichnet und verdecken die Gezeiten der festen Erdkruste. Überdies haben sie dieselben Perioden wie die Erdgezeiten selbst, da sie sich mit den Meeresgezeiten ändern. Beobachtungen an den Küsten Japans haben erwiesen, daß die Erdkrustendeformationen durch das Auf- und Ablaufen der Meeresflut außerordentlich groß (mehr als 50mal größer als die Gezeiten der Erdkruste) sind; in Bergen (Norwegen) waren beide Anteile von derselben Größenordnung, und selbst in Freiberg i. Sa. war noch ein Einfluß der wechselnden

Flutbelastung zu merken. Abb. 64 gibt als Beispiel den großen
Zusammenhang zwischen der Gezeit des Meeres an der Westküste
Englands (Liverpool) und der Neigungsänderung des Unter-
grundes in Biston.

Es gibt noch eine ganze Menge von Ursachen, die periodische
und unperiodische Deformationen der Erdkruste bedingen
können. Die Atmosphäre ruht auf der Erde und übt je nach
Barometerstand einen wechselnden Druck aus. Diese Druck-
belastungen sind recht groß; denn bei einer Barometerschwankung

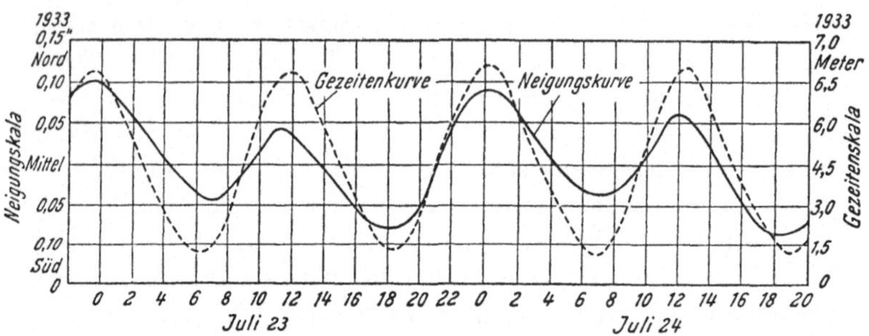

Abb. 64. Beziehung zwischen der Meeresgezeit in Liverpool und den
Neigungsänderungen des Bodens in Bidston. Nach *Doodson* und *Corkan*.
------ Gezeitenkurve, ——— Neigungskurve.

von 25 mm Hg ändert sich der Druck pro Quadratmeter des Erdbodens um 340 kg. Ungeheure Druckunterschiede stellen sich
so bei raschen Luftdruckänderungen ein und entsprechende Deformationen der Erdkruste sind die Folge. Ähnliche Störungen
sind auch mit größeren Schneeansammlungen (z. B. in Gebirgen
im Winter) und mit größeren Niederschlägen auf beschränktem
Raum verknüpft, ebenso auch mit Wasserstandschwankungen in
Seen usw. Die immer weiter steigende Zahl von Beobachtungen
mit Horizontalpendeln wird, wenn sie gleichzeitig an zahlreichen,
systematisch richtig verteilten Orten angestellt werden, in Zukunft
in die Probleme der Erdgezeiten und der Deformationen der Erdkruste tieferen Einblick gewähren.

Namen- und Sachverzeichnis